"十三五"高等职业教育规划教材

安徽省高校省级质量工程规划教材立项教材

动态网页设计（ASP.NET）项目化教程

方少卿　主　编

汪广舟　汪时安　伍丽惠　副主编

U0310724

中国铁道出版社有限公司

CHINA RAILWAY PUBLISHING HOUSE CO., LTD.

内 容 简 介

本书针对高职教育特点，从动态网页开发实际需求出发，以真实案例"职苑物业管理系统"的开发过程贯穿整本书，按实际项目开发步骤合理安排知识结构，将课程内容与行业标准和岗位规范对接，教学过程与工作过程对接，每个任务和单元之后合理拓展知识，单元之后配有小结、实训和练习，以帮助读者巩固所学知识，另外学生可以通过扫描书中二维码来在线学习。

本书介绍了 Visual Studio 2015（Community 版）的安装与配置、应用系统的创建，还介绍了 C# 语法基础知识和 ASP.NET 开发基础知识，Web 服务器控件、验证控件、用户控件、ASP.NET 内置对象、数据库连接和数据控件，还介绍了如何用 ADO.NET 访问数据库，以及系统配置与部署的方法。

本书适合作为高等职业院校计算机、电子信息、物联网技术应用等专业（方向）的教材，也可供从事信息技术、嵌入式系统与物联网技术开发的工程技术人员参考。

图书在版编目（CIP）数据

动态网页设计（ASP.NET）项目化教程 / 方少卿主编 . —北京：中国铁道出版社有限公司 , 2020.1（2023.11 重印）

"十三五"高等职业教育规划教材

ISBN 978-7-113-26576-2

Ⅰ. ①动… Ⅱ. ①方… Ⅲ. ①网页制作工具 - 程序设计 - 高等职业教育 - 教材 Ⅳ. ① TP393.092.2

中国版本图书馆 CIP 数据核字（2020）第 016235 号

书　　名：动态网页设计（ASP. NET）项目化教程
作　　者：方少卿

策　　划：翟玉峰		编辑部电话：（010）51873135
责任编辑：翟玉峰　包　宁		
封面设计：刘　颖		
责任校对：张玉华		
责任印制：樊启鹏		

出版发行：中国铁道出版社有限公司（100054，北京市西城区右安门西街 8 号）
网　　址：http://www.tdpress.com/51eds/
印　　刷：北京铭成印刷有限公司
版　　次：2020 年 1 月第 1 版　2023 年 11 月第 3 次印刷
开　　本：787 mm×1 092 mm　1/16　印张：10.5　字数：240 千
书　　号：ISBN 978-7-113-26576-2
定　　价：29.00 元

我国已进入新的发展阶段，产业升级和经济结构调整不断加快，各行各业对技术技能人才的需求越来越紧迫，职业教育的重要地位和作用越来越凸显。

国务院发布的《国家职业教育改革实施方案》（国发〔2019〕4号）（以下简称"方案"）提出："深化产教融合、校企合作，育训结合，健全多元化办学格局，推动企业深度参与协同育人，扶持鼓励企业和社会力量参与举办各类职业教育。"方案要求各职业院校"按照专业设置与产业需求对接、课程内容与职业标准对接、教学过程与生产过程对接的要求…… 提升职业院校教学管理和教学实践能力"。为了更好地提升计算机和信息技术技能人才的培养质量，针对目前相当一部分高职计算机和信息技术专业中的教学过程和课程内容仍延续传统的学科体系，核心课程间缺乏联系或联系不紧密的现象，以及教学内容和行业标准、工作过程脱节的现象，我们与企业合作规划设计了这套计算机项目化系列教程，整个系列教程围绕计算机应用专业和软件技术专业的核心课程和技能进行整合，以行业企业的软件设计开发的岗位技能和标准需求来规划设计整套教程。全系列教程以一个真实企业项目引领，围绕项目开发需要组织学习内容。

本系列教程的编写是主编及参编教师在长期的教学过程中，对教与学过程的总结与提升的结果。在对现有的教材认真分析后，教师们认为普遍存在如下一些缺点：

（1）缺少前后课程间的内容衔接。现有专业核心教材各自都注重本课程的体系完整性，但缺少课程间的内容衔接、课程间关联度不高，这影响了IT人才培养的质量与效率，也与高职技术技能型人才培养目标吻合度有距离。

（2）教学内容和行业标准、工作过程脱节。缺乏真实项目引领的教材，教材内容和行业标准、工作过程脱节，从而使学生学习的目标不明，学习的针对性不足，从而影响学生学习的主动性和积极性。

我们提出以一个项目贯穿专业的主干课程的思想，针对在高职人才培养过程中存在的课程间的衔接不好、各课程相互关联度不高等问题，力争从专业人才培养的顶层对专业核心课程进行系统化的开发，组建了教学团队编写教学大纲，并委托安徽力瀚科技有限公司定制开发两个版本的"职苑物业管理系统"——桌面版和Web版。两个版本有相同的业务流程，桌面版主要为"C#程序设计项目化课程"服务，Web版主要为"动态网页设计（ASP.NET）项目化课程"和"SQL Server数据库项目化课程"服务，并在此基础上研发编写系列教材。

（3）学生学习课程的具体目标不明确，影响学习积极性。本系列教程以一个真实的案例开发任务来引领各课程学习，从而使学生学习有明确而实际的学习目标，其中项目经过分解，项目需求与课程相匹配，有明确的任务适合学生经学习后来完成，以增强学生的成就感和积极性。

本系列教程的编写以企业实际项目为基础，分析相关课程的教学内容和教学大纲，对工作过程和知识点进行分解，以任务驱动的方式来组织。全系列教程以"职苑物业管理系统"设计与开发进行统一规划、分类实现，针对统一规划分别设计了一个基于C#脚本的Web版B/S架构应用系统和一个基于C#脚本的桌面系统，同时还设计了一个C语言的简化版"职苑物业管理系统"，并以此应用系统将软件开发过程以实用软件工程进行总结和提升。所有这些考虑主要是为了让学生学习有明确的目标和兴趣，同时在知识建构中体会所学知识的实际应用，真正体现学以致用和高职特色的理论知识"够用、适度"要求，又兼顾学生对项目开发过程的理解。

本系列教程具有以下突出特点：

① 一个项目贯穿系列教程；

② 对接行业标准和岗位规范；

③ 打破课程的界限，注重课程间的知识衔接；

④ 降低理论难度，注重能力和技能培养；

⑤ 形成一种教材开发模式。

本系列教程规划了5本教材，分别是《C语言程序设计项目化教程》《C#程序设计项目化教程》《动态网页设计（ASP.NET）项目化教程》《SQL Server数据库项目化教程》《实用软件工程项目化教程》，每本书按软件开发先后次序展开，并以任务的形式分步进行。每个任务分三部分，第一部分导入任务，第二部分介绍任务涉及的基本知识点，第三部分是完成任务，有些必需而任务中又没有涉及的知识则以知识拓展、拓展任务或延伸阅读的形式提供。为了配合教师更好地教学和学生更方便地学习，每本书都提供了丰富的数字化教学资源：有配套的PPT课件，并提供了完整的项目代码和教学视频供教师教学和学生课下学习使用；对一些关键内容还提供了微视频，学习者可通过扫描相应的二维码进行学习。同时每单元的实训任务也是配合教学内容相关的知识点进行设计，以便学生学习和实践操作，强化职业技能和巩固所学知识。

本系列教程为2016年省质量工程名师（大师）工作室——方少卿名师工作室（2016msgzs074）建设内容之一，同时也是安徽省高校省级质量工程规划教材立项教材——计算机专业项目化系列教程（2017ghjc290）的建设内容；项目开发由安徽省高职高专专业带头人资助项目资助。

本系列教材由铜陵职业技术学院方少卿教授任主编并负责规划和各教材的统稿定稿，铜陵职业技术学院张涛、汪广舟、刘兵、查艳、伍丽惠、崔莹、李超，安徽工业职业技术学院王雪峰，铜陵广播电视大学汪时安，安徽力瀚科技有限公司技术总监吴荣荣等为教材的规划、编写做了很多工作。

在本系列教程建设过程中得到铜陵职业技术学院、安徽工业职业技术学院、铜陵广播电视大学有关领导和同仁的大力支持，在此一并深表谢意。

由于编者水平有限，加之一个案例引领专业核心课程还只是一种探索，难免在书中存在处理不当和不合理的地方，恳请广大读者和职教界同仁提出宝贵意见和建议，以便修订时加以完善和改进。

方少卿

2019年10月

前　言

我国已经成为互联网大国，网络规模、网民数量、智能手机用户以及利用智能手机上网的人数等都处于世界首位；同时，中国国内域名数量、境内网站数量以及互联网企业等也处于世界前列，因而现代企业极其重视通过网络发布企业动态和产品的推广信息，各行各业普遍开设自己的门户网站。因此，动态网页开发技术已经成为计算机类专业毕业生所必须掌握的专业技术之一，而基于微软公司.NET平台的ASP.NET开发工具是初学动态网页开发的理想选择。

本书为安徽省高校省级质量工程规划教材立项教材——计算机专业项目化系列教程（2017ghjc290）的组成部分。针对高职高专教育特点，从动态网页开发实际需求出发，打破传统根据知识点安排章节，以与企业合作开发的真实案例"职苑物业管理系统"的开发过程贯穿整本书，按实际项目开发步骤合理安排知识结构，将课程内容与行业标准和岗位规范对接，教学过程与工作过程对接；每个任务和单元之后合理拓展知识，单元之后配有小结、实训和练习，以帮助读者项固所学知识，并且可以通过扫描书中二维码在线学习。

1. 本书内容

本书共分10个单元，每单元分3部分，第一部分介绍单元需要完成的任务，第二部分是任务涉及的基本知识点，第三部分是完成任务，有些必需而任务中又没有涉及的知识，则以知识拓展或延伸阅读的形式提供。本书10个单元的具体内容如下：

单元1 动态网页概述：简述动态网页基础知识，介绍了 Visual Studio 2015（Community 版）安装与配置、职苑物业管理系统创建。

单元2 ASP.NET开发基础：实现物业管理系统登录界面设计，介绍C#语法基础知识。

单元3 Web服务器控件：实现物业管理系统小区管理员注册界面、住户信息录入界面设计，介绍了Web服务器控件的使用。

单元4 物业管理系统用户注册——验证控件：实现系统用户注册数据验证，介绍了数据验证控件的使用。

单元5 物业管理系统用户登录——用户控件：完善物业管理系统用户登录界面，介绍用户控件。

单元6 物业管理系统用户登录——ASP.NET 内置对象：实现物业管理系统用户登录，介绍了ASP.NET内置对象。

单元7 ASP.NET应用程序配置文件：实现数据库连接字符串配置，介绍了Web.config文件的基本配置和XML基础知识。

单元8 数据库连接和数据控件：实现物业管理系统房屋信息功能和小区概况功能，介绍了.NET与SQL数据库的连接以及数据控件的使用。

单元9 使用ADO.NET访问数据库：实现添加小区用户功能和业主缴费信息查询功能，介绍ADO.NET的使用方法。

单元10 物业管理系统部署：实现物业管理系统部署，介绍了Web服务器安装与配置以及系统的部署的方法。

2. 教学内容学时安排建议

本书建议授课（线下）64学时+自学（线上）12学时，可根据实际情况决定是否进行混合教学。教学单元与课时安排见表1。

表1 教学单元及学时安排

单元名称	授课学时安排	自学学时
单元1 动态网页概述	4	1
单元2 ASP.NET 开发基础	8	1
单元3 Web 服务器控件	8	1
单元4 物业管理系统用户注册——验证控件	8	1
单元5 物业管理系统用户登录——用户控件	4	1
单元6 物业管理系统用户登录——ASP.NET 内置对象	6	1
单元7 ASP.NET 应用程序配置文件	4	1
单元8 数据库连接与数据控件	6	2
单元9 使用 ADO.NET 访问数据库	12	2
单元10 物业管理系统部署	4	1
合计	60	12

3. 实训教学建议

本书以一个完整的案例"职苑物业管理系统"贯穿始终,按照"提出任务—模仿工作现场—增加必备技能—解决实际问题—实现功能"的步骤进行实践教学,将"职苑物业管理系统"各功能模块按照任务分解,通过各功能单元的实现,来加强学生实践能力的训练。每个单元的结尾,增加了和单元任务类似的实训,学习者通过练习可加深对所学内容的理解,做到有的放矢。书中的重点难点标识清楚,使学习者能迅速掌握主要内容。

4. 配套课程资源

为了配合教师更好地教学和学生更方便地学习,本书开发了丰富的数字化教学资源。可使用的教学资源见表2。本书提供有配套的PPT课件,并提供了完整的项目代码和教学视频供教师教学和学生课下学习使用,具体下载地址为:http://www.tdpress.com/51eds/,联系邮箱:TLFSQ@126.com;教学视频请扫描相关内容的二维码进行学习。

表2 课程教学资源一览表

序号	资源名称	数量	表现形式
1	授课计划	1	Word 文档,包括单元内容、重点难点、课外安排,让学习者知道如何使用资源完成学习
2	电子课件	12	PPT 文件,可供教师根据具体需要加以修改后使用
3	微课视频	11	MP4 文件,每单元的重要内容通过微课小视频进行展示,让学习者快速掌握
4	案例素材	1	.NET 程序包,完整的"职苑物业管理系统"实现,包括 C/S 和 B/S 两种形式,让学习者快速掌握数据库在应用系统中的应用

本书共分10个单元,由铜陵职业技术学院方少卿任主编,铜陵职业技术学院汪广舟、铜陵广播电视大学汪时安、铜陵职业技术学院伍丽惠任副主编;编写分工如下:单元1、单元2、单元3由汪广舟编写,单元4、单元5、单元6由伍丽惠编写,单元7由方少卿编写,单元8、单元9、单元10由汪时安编写,方少卿负责全书的统稿与定稿。

本书在编写过程中得到了铜陵职业技术学院和铜陵广播电视大学有关领导的大力支持,同时教材编写过程中参考了本领域的相关教材和著作,在此向相关作者一并深表谢意。

由于编者水平有限,书中疏漏和不足之处在所难免,恳请广大读者提出宝贵意见和建议,以便修订时加以完善。

编　者

2019 年 10 月

目 录

单元 1
动态网页概述

本单元主要实现物业管理系统项目创建，涉及 .NET Framework 技术架构、Visual Studio 2015（Community 版）集成开发环境安装与配置等知识，为下一步系统开发奠定基础。

学习目标

➤ 了解下一代互联网发展方向；

➤ 了解 .NET Framework 技术架构；

➤ 了解命名空间、代码分离功能；

➤ 掌握 Visual Studio 2015 集成开发环境安装和配置。

具体任务

➤ 任务 1　搭建物业管理系统开发环境

➤ 任务 2　创建物业管理系统项目

任务1　搭建物业管理系统开发环境

任务导入

随着我国市场经济的快速发展和人们生活水平的不断提高，简单的社区服务已经不能满足人们的需求，信息技术在物业管理中的应用显现出越来越重要的地位，因此物业管理系统应运而生，它促使了物业管理的信息化与科学化。

经过前期的市场调研、需求分析、功能与数据库设计之后，系统进入开发阶段，物业管理系统采用 Visual Studio 2015（Community 版）集成开发环境，开发语言采用 C#，数据库采用 SQL Server 2012。搭建物业管理系统开发环境主要包括 Visual Studio IDE 安装与配置、Web 服务器安装与配置、数据库服务器安装与配置。本单元主要介绍 Visual Studio 2015 集成开发环境搭建，其他此处不再赘述。

知识技能准备

一、.NET 平台战略思想与意义

2000年6月，微软公司宣布了.NET战略。.NET战略体现了下一代软件开发的新趋势。"将软件作为服务提供"、"信息尽在指尖"，这种思路长期以来只是计算机科学家们的梦想，现在，.NET平台框架正开始提供实现梦想的强大工具。

1．.NET的定义

按照微软公司的定义，.NET是微软公司的XML Web服务平台，它是为了解决互联网应用中存在的普遍问题而预先建立的基础设施。即将程序开发侧重点从连接到互联网的单一网站或设备上，转移到计算机、设备和服务群组上，使其通力合作，提供更加广泛、更加丰富的解决方案。用户将能够控制信息的传送方式、时间和内容。计算机、设备和服务将能够相辅相成，从而提供丰富的服务，而不是像信息孤岛那样，由用户提供唯一的集成。

.NET是一个理想化的未来互联网环境；被定位为可以作为平台支持下一代互联网的可编程结构；最终目的是让用户随时都能访问所需要的信息、文件和程序。

2．.NET战略意义

从上面对.NET的简单分析可以看出，.NET的策略是将互联网本身作为构建新一代操作系统的基础，对互联网和操作系统的设计思想进行合理延伸，它对开发人员以及企业而言，有着巨大的意义。

Web服务是种通过简单对象访问协议（Simple Object Access Protocol，SOAP）在互联网上展露其功能性的、公开的服务。SOAP是一种基于XML制定的协议。利用这种模式，开发人员致力于构建具有复杂结构的N层化的系统，这种系统能把网络上众多的应用程序进行集成，大大提高了应用程序的价值。这样，开发人员便可把精力集中在充分挖掘软件独特的商业价值，而不是在构建基础结构上。

促进信息整合。对企业而言，.NET Web服务模型将为企业应用程序的创建开辟一条新路，通过企业内外服务的联合，把企业内部数据和客户及合作伙伴相关数据结合在一起，大大简化了应用程序的创建过程。

通过多种手段随时随地访问互联网。用户可以通过手写、语言和图像技术与其个人数据进行交互。这些数据将被安全地存放在互联网上，用户通过计算机、移动电话、PDA等访问这些数据。应用程序可根据用户预定义的选项集和指令集，完全代替用户自动执行相应的操作。

二、.NET Framework 技术架构

.NET Framework是用于构建和运行下一代软件应用程序和XML Web服务的Windows组件。.NET框架提供了一个高效并标准的环境，用于将现有资源与下一代应用程序和服务进行集成，能够灵活解决企业级应用程序的部署和操作难题。目前，它支持20多种不同的编程语言。其体系结构如图1-1所示。

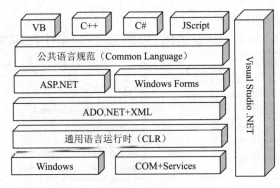

图 1-1　.NET Framework 体系结构

1．通用语言运行时

通用语言运行时设计目的是直接在应用程序运行环境中基于组件的编程提供底层的支持。正如Windows中添加对窗口、控件、图形和菜单的直接支持，为基于消息的编程添加底层结构，为支持设备无关性添加抽象内容一样，通用语言运行时直接支持组件、对象、继承性、多态性和接口。对属性和事件的直接支持使得基于组件的编程变得更简单，而不需要特殊的接口和适配设计模式。通用语言运行时根据托管组件的来源等因素对它们判定适当的信任度，这样就会根据它们的信任度来限定它们的执行，如读取文件、修改注册表等敏感操作的权限。借助通用类型系统（Common Type System，CTS）对代码类型进行严格的安全检查，避免了不同组件之间可能存在的类型不匹配问题。

2．托管代码

基于通用语言运行时开发的代码称为托管代码（Managed Code），它的运行步骤大体如下：首先使用一种通用语言运行时支持的编程语言编写源代码，然后使用针对通用语言运行时的编译器生成独立于机器的微软中间语言（Microsoft Intermediate Language，MSIL），同时产生运行所需的元数据，在代码运行时再使用即时编译器（Just In Time Compiler）生成相应的机器代码来执行。

有了垃圾收集器并不意味着开发人员可以一劳永逸，如果正在操作一个包装文件、网络连接、Windows句柄、位图等底层操作系统资源对象，开发人员必须释放这些非托管资源。

3．.NET类库

.NET框架提供了一个包括很多高度可重复的接口、类库，该类库是一个完全面向对象的类库，为应用程序提供各种高级的组件和服务。

.NET框架类库将开发人员从繁重的编程细节中解放出来专注于程序的商业逻辑，为应用程序提供各种开放支持。其主要组件和服务有：系统框架服务、ADO.NET组件、XML数据组件、Windows表单组件、ASP.NET应用服务、ASP.NET Web表单、Web服务等。

三、Visual Studio 2015（Community 版）集成开发环境和最低配置

Visual Studio 2015集成开发环境是微软公司在2015年7月推出的互联网开发平台，它提供设计、开发、调试和部署Web应用程序、Web服务以及传统客户端应用程序所需的各种工具。它提供终端到终端的网络开发能力以及可伸缩、可复用的服务器组件，它将功能强大、性能可靠的企业网

络解决方案进行了简化。其运行平台和最低配置如表1-1所示。

表1-1　Visual Studio 2015（Community 版）运行平台和最低配置

硬件最低配置	支持平台
1.6 GHz 或更快的处理器	Windows 10
1GB RAM（如果在虚拟机上运行则需 1.5 GB）	Windows 8.1、Windows 8
4 GB 可用硬盘空间，5 400 r/min 硬盘驱动器	Windows Server 2012
支持 DirectX9 视频卡（1 024 × 768 或更高分辨率）	Windows Server 2012 R2 Windows Server 2008 R2 SP1

 任务实施

视频 ●····

一、Visual Studio 2015 安装

从微软官网下载Visual Studio 2015（Community版）安装包后，双击vs2015.com_chs目录下的vs_community.exe文件进行安装，步骤如下：

（1）初始化安装程序，安装程序检查软硬件环境，并加载安装程序包，初始化完成后自动进入安装界面，如图1-2所示。

（2）选择安装路径，一般按照默认路径安装。在"选择安装类型"区域提供了两种安装方式，一种是默认值，另一种是自定义。如果以默认值安装，直接单击"安装"按钮即可，如图1-3所示。

图 1-2　初始化安装程序

图 1-3　安装路径

如果选择自定义安装方式，安装程序右下角会出现"下一步"按钮，单击"下一步"按钮进入选择功能界面，如图1-4所示。

　　选择好功能后，单击"下一步"按钮，进入安装界面，单击"安装"按钮进行安装，如图1-5和图1-6所示。

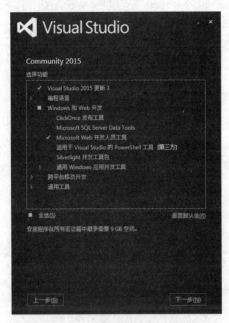

图 1-4　自定义安装功能选择

图 1-5　自定义安装界面

（3）当所有都正确安装后，出现图1-7所示界面。

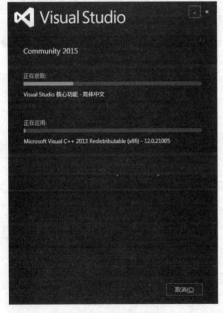

图 1-6　正在安装界面

图 1-7　安装完成

二、Visual Studio 2015 配置

Visual Studio 2015（Community版）免费使用30天，到期后，如果想继续免费使用，需要注册Azure账号，在Visual Studio平台起始页中单击"连接到Azure"超链接，弹出图1-8所示界面。

图 1-8　Azure 账号注册

注册一个账号后，Visual Studio 2015（Community版）将可以继续免费使用。

【延伸阅读】

Visual Studio 2015开发平台编程语言的切换

Visual Studio 2015是支持多种语言进行开发的平台，不同语言的开发环境配置可能不一样，比如当前使用C++语言进行开发项目，项目结束后，现在的项目需要C#语言进行开发，那么开发环境需要重新配置。Visual Studio平台为用户提供了快速的切换方法，步骤如下：

（1）选择"工具"→"导入和导出设置向导"命令，弹出"导入和导出设置向导"对话框，如图1-9所示。

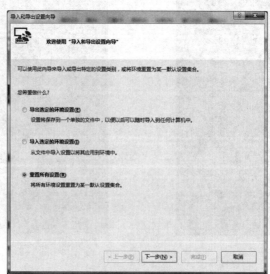

图 1-9　"导入和导出设置向导"对话框

（2）在对话框中选择"重置所有设置"单选按钮，单击"下一步"按钮，打开"保存当前设置"对话框，如图1-10所示。

图1-10 "保存当前设置"对话框

（3）在对话框中选择"否，仅重置设置，从而覆盖我的当前设置"单选按钮，单击"下一步"按钮，弹出"选择一个默认设置集合"对话框，如图1-11所示。

图1-11 "选择一个默认设置集合"对话框

（4）在对话框中选择想要切换的语言环境，单击"完成"按钮即可实现切换。

任务2　创建物业管理系统项目

任务导入

物业管理系统采用目前最流行的B/S（Browser/Server，浏览器/服务器）架构进行开发，因此要创建ASP.NET Web应用程序项目来统一组织和管理项目文件，方便编写、调试、测试、发布系统。项目的创建是系统开发的第一步，要特别注意项目名称和项目存储地址的规范性。

知识技能准备

一、Visual Studio 2015 界面组成

Visual Studio 2015提供所见即所得的界面设计、简单快捷的代码编程、灵活使用的代码分离技术以及动态调试和跟踪等功能，这些功能给编辑、调试程序带来了极大便利。

下面以物业管理系统首页login.aspx界面为例介绍Visual Studio 2015开发环境，如图1-12所示。

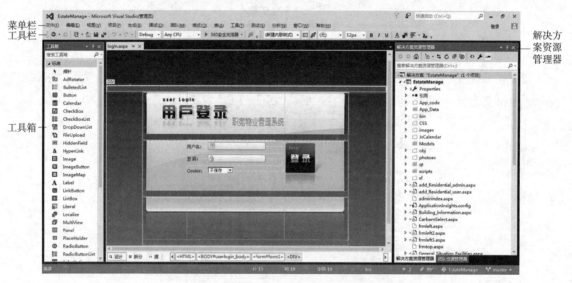

图1-12　Visual Studio 2015 界面组成

Visual Studio 2015上方是菜单栏，它提供该环境的所有可视化操作功能。菜单栏下面是工具栏，提供了部分常用菜单项的快捷方式。界面左侧有"工具箱"和一些被缩放的窗口，如CSS属性窗口等。右侧为"解决方案资源管理器"和"属性"窗口等。中间是Visual Studio 2015开发界面的主窗口，它是页面设计和代码编写的主要场所。在主窗口编辑区有"设计""拆分""源"三种视图切换按钮，用户可以根据需要进行切换。

上述每个窗口都有一个"自动隐藏"按钮，它表示当用户不再使用此窗口时，它会自动隐藏到窗口边缘；单击"自动隐藏"按钮，图标会变成固定按钮，此时窗口将一直在固定位置，直到用户再次单击它为止；单击每个窗口的上边缘，按住鼠标不放拖动，可以将窗口拖动到任意位置，

当拖动到平台窗口边缘时，又能融合到主窗口中。用户若不需要此窗口也可以单击"关闭"按钮，将其关闭。这些窗口可以自由设置、调整、组合，大大方便了开发、编程工作。

二、控件与属性窗口

1. 控件

控件工具箱窗口一般在主窗口的左侧，它包含了各类显示的控件列表，是一个树状列表，单击控件分类名称可以展开或折叠。在设计Web窗体界面时，可以直接通过拖放或双击工具箱中控件来实现控件的添加，如图1-13所示。

2. 属性窗口

在设计Web窗体应用程序界面时，开发者可以直接通过"属性"窗口设置所选对象的属性，省去了编写代码的烦琐，提高了开发效率，如图1-14所示。

图 1-13　控件

图 1-14　属性

三、命名空间

命名空间是.NET中提供应用程序代码容器的方式，这样代码及其内容就可以唯一地被标识。命名空间也可以是.NET Framework中给项目分类的一种方式。在C#中，程序是利用命名空间组织起来的。命名空间既用作"内部"组织系统，也用作"外部"组织系统。可以编写如下程序：

```
namespace XYZ
{
    public class Comany
    { }
    enmu CompanyEnum
    { }
}
```

该程序声明了一个名为XYZ的命名空间。大多数CLR内置类型都是在命名空间System的范围内定义的，如System.Object、System.Int32等，需要注意的是命名空间可以嵌套在另一个命名空间中。

命名空间声明组织方式如下：先是关键字namespace，后跟一个命名空间名称和命名空间体，然后加一个分号（可选）。例如：

```
Namespace MyNameSpace
{
    namespace-body;
};
```

命名空间声明可以作为顶级出现在编译单元中，或是作为成员声明出现在另一个命名空间声明内。当命名空间声明作为顶级声明出现在编译单元中时，该命名空间成为全局命名空间的一个成员；当一个命名空间声明出现在另一个命名空间声明内时，该内部命名空间就成为包含着它的外部命名空间的一个成员。无论是何种情况，一个命名空间的名称在它所属的命名空间内必须是唯一的。

命名空间隐式地为public，而且命名空间的声明中不能包含任何访问修饰符。在命名空间体内，可以用using（以C#为例）指令导入其他命名空间和类型的名称，可以直接引用它们，而不是通过限定名来引用。

四、代码分离技术

代码分离技术就是所谓的Code Behind。自从微软公司推出了ASP.NET以后，Code Behind就是一个热门话题，在一般的ASP.NET文件中，Code Behind主要是用两个文件来创建一个ASP.NET页面，其中一个是设计文件，一般以.aspx或者.ascx作为扩展名，而另一个是程序代码文件，一般以.vb或者.cs作为扩展名。用过ASP的开发人员都知道，ASP程序是把界面设计和程序设计混合在一起的。因此当程序设计人员要修改应用程序界面布局时，往往需要更改大量与界面无关的代码，对于一个小程序，工作量不是很大，如果对于代码量很大的程序，就是一件工作量不小的事情。而Code Behind把界面设计代码和程序设计代码以不同的文件分开，对于代码的重复使用、程序的调试和维护都是革命性的。

 任务实施

视频

一、创建物业管理系统项目

（1）选择"开始"→"所有程序"→Visual Studio 2015→Microsoft Visual Studio 2015命令，启动应用程序，打开Visual Studio 2015起始页，如图1-15所示。

（2）选择"文件"→"新建"→"项目"命令，弹出"新建项目"对话框，在左侧选择Visual C#→Web选项，在右侧选择"ASP.NET Web应用程序"选项，项目名称为EstateManage，路径为"D:\wygl_net\"，如图1-16所示。

（3）单击"确定"按钮，弹出"选择模板"对话框，在对话框中选择Empty模板，单击"确定"按钮，如图1-17所示。

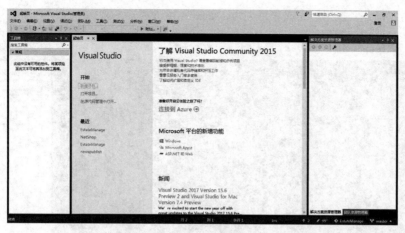

图 1-15　启动 Visual Studio 2015

图 1-16　选择项目类型

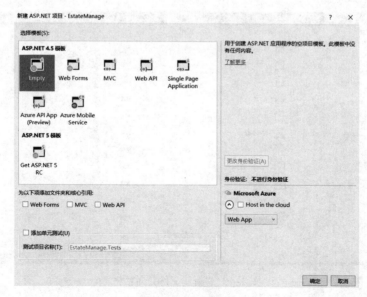

图 1-17　选择模板

（4）单击"确定"按钮，完成项目创建，如图1-18所示。

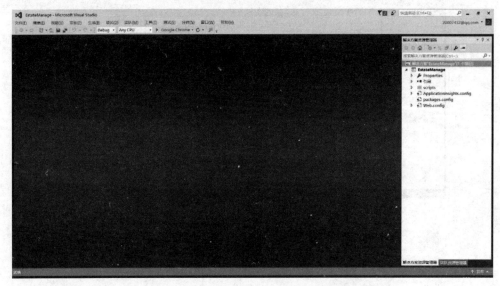

图1-18　项目创建完成

项目创建完成后，系统会自动创建Web.config系统文件，在后面的单元中会具体讲解这个文件的作用及使用方法。

二、创建物业管理系统首页

完成项目创建后，接下来就是创建物业管理系统的首页login.aspx页面。通常一个ASP.NET页面由可视元素文件和逻辑编程文件组成。可视元素文件（扩展名为.aspx）包括网页元素的标记、服务器控件和静态内容等；逻辑编程文件（扩展名为.aspx.cs）包括事件处理程序和其他代码程序。

（1）选择"文件"→"新建"→"文件"命令，弹出"新建文件"对话框，如图1-19所示。

图1-19　"新建文件"对话框

（2）在对话框左侧选择Web → C#选项，在右侧选择"Web窗体"选项，如图1-20所示。

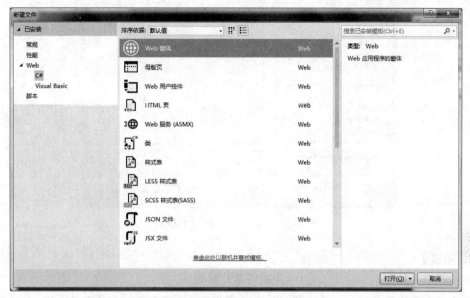

图 1-20 选择创建文件类型

（3）单击"打开"按钮，完成文件创建，如图1-21所示。

图 1-21 Web 窗体创建

（4）选择"文件"→"保存"命令，弹出"另存文件为"对话框，如图1-22所示。

（5）在"文件名"文本框中输入login.aspx，单击"保存"按钮。

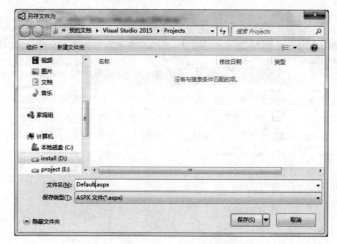

图1-22 "另存文件为"对话框

【知识拓展】

代码折叠与展开

一个项目文件的代码往往有很多行，使用滚动条查找代码很不方便，而且也不利于程序的可读性，这时可使用Visual Studio 2015的代码折叠功能，语法如下：

```
#region "注释"
...

#endregion
```

在#region与#endregion之间的代码既能折叠又能展开，如图1-23和图1-24所示。

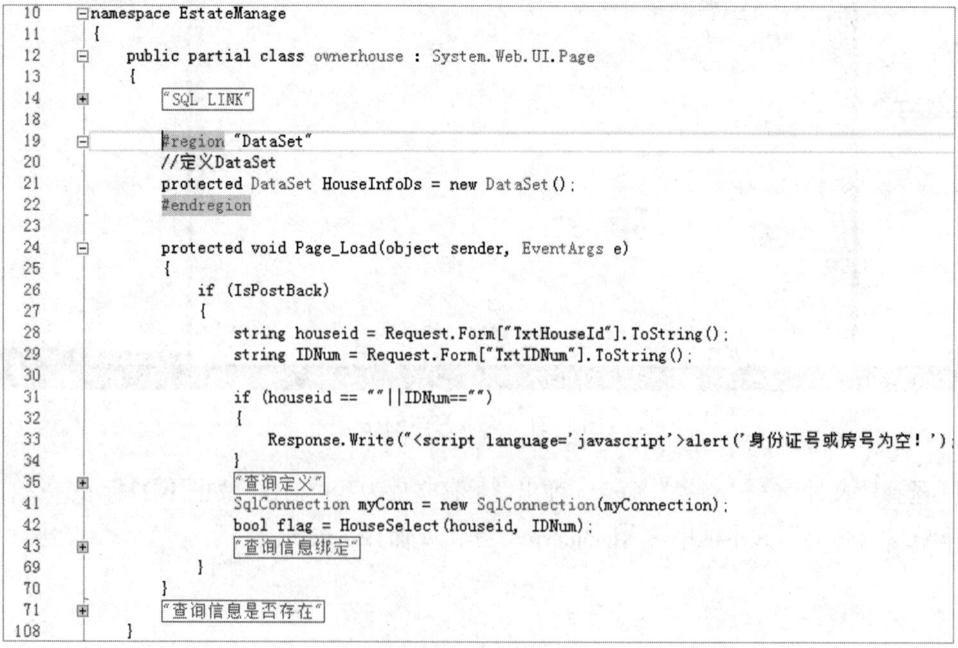

```
10  ┌ namespace EstateManage
11  {
12  ┌     public partial class ownerhouse : System.Web.UI.Page
13      {
14  ⊞       "SQL LINK"
18
19  ┌       #region "DataSet"
20          //定义DataSet
21          protected DataSet HouseInfoDs = new DataSet();
22          #endregion
23
24  ┌       protected void Page_Load(object sender, EventArgs e)
25          {
26              if (IsPostBack)
27              {
28                  string houseid = Request.Form["TxtHouseId"].ToString();
29                  string IDNum = Request.Form["TxtIDNum"].ToString();
30
31                  if (houseid == ""||IDNum=="")
32                  {
33                      Response.Write("<script language='javascript'>alert('身份证号或房号为空！')
34                  }
35  ⊞               "查询定义"
41                  SqlConnection myConn = new SqlConnection(myConnection);
42                  bool flag = HouseSelect(houseid, IDNum);
43  ⊞               "查询信息绑定"
69              }
70          }
71  ⊞       "查询信息是否存在"
108     }
```

图1-23 代码折叠

```
43          #region "查询信息绑定"
44          //查询信息存在进行数据绑定
45          if (flag)
46          {
47              SqlDataAdapter OwnerInfoDa = new SqlDataAdapter(HouseInfoSql, myConn);
48
49              try
50              {
51                  myConn.Open();
52                  //基本信息绑定
53                  OwnerInfoDa.Fill(HouseInfoDs, "HouseInfo");
54                  housecontent.DataSource = HouseInfoDs;
55                  housecontent.DataBind();
56
57              }
58              catch {; }
59              finally
60              {
61                  myConn.Close();
62              }
63          }
64          else
65          {
66              Response.Write("<script language='javascript'>alert('无权限！');window.location.href='ownerhou
67          }
68          #endregion
69      }
```

图 1-24　代码展开

小　　结

本单元主要介绍了 Visual Studio 2015 的安装和配置，以及创建物业管理系统项目，具体要求掌握的内容如下：

1. Visual Studio 2015 的安装和配置

Visual Studio 2015 安装分为默认值和自定义。默认值安装直接单击"安装"按钮即可；自定义要选择安装路径和功能，一般要求对 Visual Studio 2015 的功能具有一定的了解。

Visual Studio 2015 配置介绍了注册 Azure 账号，注册成功之后，Visual Studio 2015（Community 版）就可以永久免费使用。

2. 创建物业管理系统项目

Visual Studio 2015 界面组成、控件和属性介绍，空 Web 应用程序的创建，命名空间和代码分离技术等概念。

实　　训

实训 1　安装 Visual Studio 2015（Community 版）平台并注册 Azure 账号。

提示：Visual Studio 2015（Community版）免费使用30天，到期后，如果想继续免费使用，需要注册Azure账号。如果已经到期，在Visual Studio主界面中有注册Azure账号超链接；如果还未到期，选择"帮助"→"注册产品"命令，弹出注册Azure账号超链接，使用E-mail注册账号，微软会向相应E-mail发送一个激活邮件，按邮件激活提示完成注册。

实训 2　创建物业管理系统项目，并在项目下新建 qt 文件夹，在 qt 文件夹下新建用户查询页面 index.aspx。

提示：启动应用程序Visual Studio 2015后，创建项目过程如下：

（1）在 EstateManage 项目栏上右击，在弹出的快捷菜单中选择"新建文件夹"命令，命名为 qt。

（2）选择"文件"→"新建"→"文件"命令，弹出"新建文件"对话框，在左侧选择 Web→C# 选项，在右侧选择"Web 窗体"选项，单击"打开"按钮，完成文件创建。

（3）选择"文件"→"保存"命令，弹出"另存文件为"对话框，在"文件名"文本框中输入 index，单击"保存"按钮，完成文件命名。

习　题

一、填空题

1．.NET 框架由＿＿＿＿＿＿、＿＿＿＿＿＿、＿＿＿＿＿＿和＿＿＿＿＿＿4 部分组成。

2．.NET 框架中包括一个庞大的类库。为了便于调用，将其中的"类"按照＿＿＿＿＿＿进行逻辑分区。

3．实现交互式网页需要采用＿＿＿＿＿＿技术，至今已有多种实现交互式网页的方法，如＿＿＿＿＿＿、＿＿＿＿＿＿和＿＿＿＿＿＿等。

二、选择题

1．ASP.NET 动态网页文件的默认扩展名是（　　）。

A．.asp　　　　　B．.aspx　　　　　C．.htm　　　　　D．.jsp

2．在 ASP.NET 中源程序代码先被生成中间代码(IL 或 MSIL)，待执行时再转换为 CPU 所能识别的机器代码，其目的是（　　）的需要。

A．提高效率　　　B．保证安全　　　C．程序跨平台　　　D．易识别

三、简答题

1．简述 .NET 与 C# 的区别。

2．CLS、CTS、CLR 分别指什么？

单元 2
ASP.NET 开发基础

本单元以设计物业管理系统登录界面为主线，综合运用了 HTML、CSS 样式表和 JavaScript 脚本语言；同时还介绍了 C# 语言的优点、数据类型、运算符、控制语句等基本语法。

学习目标

➢ 熟悉运用 HTML、CSS 和 JavaScript 进行页面前端设计；
➢ 熟悉掌握 C# 语言开发小程序。

具体任务

➢ 任务 1　物业管理系统登录界面设计
➢ 任务 2　C# 语言基础

任务1　物业管理系统登录界面设计

任务导入

物业管理系统项目创建之后，就进入系统页面详细设计阶段，登录页面是进行系统开发的第一个页面；登录页面采用了 DIV+CSS 布局，并运用了 JavaScript 脚本进行控制，使整个页面内容、形式、控制进行分离，有利于系统今后的维护和更新。

知识技能准备

一、HTML

1. HTML文件结构

HTML（HyperText Markup Language，超文本标记语言）通过常用的标签可以在网页中组织文本、图形、声音、视频和其他媒体内容，这些HTML标签由浏览器格式后处理显示在浏览器中。使用HTML编写的Web页面称为HTML文件，这种文件一般以".html"或者".htm"为扩展名。HTML注释语句为<!--注释内容-->，注释内容可插入文本中任何位置，注释内容不会显示在网页中。

每个HTML文件都是以<html>开始，并且以</html>结束，主要包括两部分：一部分是HTML文件头部，由<head>和</head>标签之间确定头部的范围，另一部分是主体，由<body>和</body>标签之间设定网页的主体范围，格式如下：

```
<html>
    <head>
        <title>网页标题</title>
    </head>
    <body>
        …
    </body>
</html>
```

2. HTML标签

换行标签是个单标签，又称空标签，不包含任何内容，在HTML文件中的任何位置只要使用了
标签，当文件显示在浏览器中时，该标签之后的内容将显示下一行。

<pre>原样显示文字标签要保留原始文字排版的格式，就可以通过<pre>标签实现，方法是把制作好的文字排版内容前后分别加上始标签<pre>和尾标签</pre>。

<center>居中对齐标签使文本在页面中进行居中显示，<center>是成对标签，在需要居中的内容部分开头处加<center>，结尾处加</center>。

<span>标签是被用来组合文档中的行内元素。<span>没有固定的格式表现。当对它应用样式时，它会产生视觉上的变化。

<font>文字格式控制标签用于控制文字的字体（face）、大小（size）和颜色（color）。控制方式是利用属性设置得以实现的。

<img>图片标签是将图片插入网页中，当浏览器读取到<img>标签时，就会显示此标签所设定的图像。图片标签有一个重要的属性src，用于指定图片的源地址。

<a>超链接标签是把网上相关的资源链接起来。格式如下：

```
<a href="资源地址" target="窗口名称">超链接名称</a>
```

其中，href属性定义了这个超链接所指的目标地址；目标地址是最重要的，一旦路径上出现差错，该资源就无法访问；target属性用于指定打开超链接的目标窗口，取值有四个，分别如下：

➢ _blank：表示在新的浏览器窗口打开超链接文件。

➢ _self：表示在当前窗口打开超链接文件，默认状态。

➢ _parent：表示在包含框架结构的上一级浏览器窗口打开超链接文件。

➢ _top：表示在最顶层的浏览器窗口打开新的页面。

<hr>水平分隔线标签是单独使用的标签，用于段落与段落之间的分隔，使文档结构清晰明了，使文字的编排更整齐。通过设置<hr>标签的属性值，可以控制水平分隔线的样式。

<p>段落标签所标识的文字，代表同一个段落的文字。不同段落间的间距等于连续加了两个换行符，也就是要隔一行空白行，用以区别文字的不同段落。

<h1>–<h6>标签及标题1到标题6，是对网页中文本标题所进行的着重强调的一种标签，以标签<h1>、<h2>到<h6>依次显示重要性的递减，制作<h>标签的主要意义是告诉搜索引擎这个是一段文字的标题，起强调作用。

<ul>无序列表标签是一个没有特定顺序的列表项的集合。标记"ul"的含义指unordered list，其形式如下：

```
<ul type="无序类型">
<li>列表项目1</li>
<li>列表项目2</li>
<li>列表项目3</li>
</ul>
```

其中，无序类型取值有三种，分别是disc（圆黑点）、circle（空心圆）、square（黑方块）。

<div>区隔标签，又称层，用来为HTML文档内大块（block–level）的内容提供结构和背景的元素，它好像一个页面中的大容器，可以存放文字、图片、表格等网页元素，DIV中所有内容都用来构成区块，其中所包含元素的特性由DIV标签的属性控制，或者通过使用样式表格式化区块进行控制。

3. 表格

每个表格（table）是由水平的行（row）和垂直的列（column）组成。行列相交形成的方格空间称为表格的单元格（cell）。

在HTML中，可以把表格分解为三个层次，第一个层次就是表格，每个表格以<table>标签开头，以</table>标签结束；第二个层次是组成表格的行，表格中的每一个行以<tr>标签开始，以</tr>标签结束；第三个层次是组成单元格，行中的每个单元格以<td>标签开始，以</td>标签结束。例如，建立一个二行三列的表格代码如下：

```
<table>
    <tr>
        <td>第1行第1列</td>
        <td>第1行第2列</td>
        <td>第⊥行第3列</td>
    </tr>
    <tr>
        <td>第2行第1列</td>
        <td>第2行第2列</td>
        <td>第2行第3列</td>
    </tr>
</table>
```

表格也可以看作用来划分网页的指定区域，也就是把网页的一个矩形区域划分为由行列组成的许多小矩形单元，每个小矩形单元都是安置网页内容的"房间"。这样网页中的文字、图片、媒体等网页元素都可以显示在适当的位置，也就实现了网页内容的布局。

二、CSS 样式表

1. CSS基础

CSS（Cascading Style Sheet，层叠样式表）是由W3C（World Wide Web Consortium）组织开发的，是预先定义的一个格式的集合，用于控制网页样式并允许将样式与网页内容分离的一种标记性语言。利用CSS样式表可以精确地控制布局、字体、颜色、背景和其他图文效果，可以使整个站点的风格保持一致，更有利于站点的更新和维护，是网页设计中用途最广泛、功能最强大的元素之一。

CSS在网页中的位置可分为三类，分别是外部样式表、内部样式表和行内样式表。外部样式表存在于HTML文件的外部，是一个扩展名为.css的文件；内部样式表一般存在于HTML文件的内部，在<head>标签内，有具体的样式定义；行内样式表也处于HTML文件标签内部，但是在<body>标签管辖范围内，以属性的形式设置某一个标签的样式，如图2-1所示。

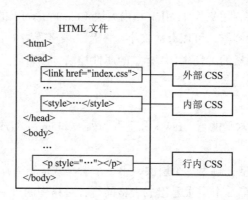

图 2-1　CSS 样式表位置

2. CSS基本语法

样式表的定义由两部分组成，一是选择符（selector）；二是定义块（block），定义块必须写在大括号"{…}"中。在定义块中包含若干属性（properties）和属性值（value），每个属性间用";"（分号）隔开。语法格式如下：

```
选择符{属性1:属性值;属性2:属性值…}
```

选择符一般是指要定义样式的HTML标签，如body、p等，在后面会谈到自定义的选择符。属性和值之间用冒号隔开，多个属性定义之间用分号隔开。

例如：p{color:black;}语句中选择符为段落p，color是控制段落内文本颜色，black是颜色属性的值，即黑色，因此该选择符样式定义了段落中文本为黑色。

3. CSS样式表选择符

（1）元素选择符

元素选择符是最常用的选择符之一，也是最基本的选择符。如果设置HTML的样式，选择符通常是某个HTML元素，如p、h1、em、a等，甚至可以是html本身。语法格式如下：

```
HTML标签{属性1:属性值;属性2:属性值…}
```

例如：

```
h1{color:blue;}
p{font-size:12px;}
```

（2）类选择符

类选择符（class selector）是一种独立于文档元素的方式来指定样式。该选择符可以单独使用，也可以与其他元素结合使用。注意只有适当地标记文档后，才能使用此选择符，所以使用选择符通常需要先做一些构想和计划，类选择符是CSS样式表选择符最常用的方式之一。

定义类选择符时，在自定义类的名称前加一个点号（英文句号）。语法格式如下：

```
HTML标签.类选择符{属性1:属性值;属性2:属性值…}
```

或

```
.类选择符{属性1:属性值;属性2:属性值…}
```

例如：

```
<html>
<head>
    <title>类选择符</title>
    <style>
        .main{color:red;}
    </style>
</head>
<body>
    <p class="main">这是一个段落！</p>
</body>
</html>
```

上例中，将段落中的文字设置为红色。类选择符的名称可以是任意英文单词或以英文单词开头与数字的组合，一般根据其功能和效果命名。

（3）ID选择符

ID选择符根据HTML页面中ID参数指定某个单一元素，ID选择符用来对这个单一元素定义样式。语法格式如下：

```
#ID选择符{属性1:属性值;属性2:属性值…}
```

定义ID选择符要在ID名称前加一个"#"号，用法与类选择符类似。

（4）选择符组

如果给多个选择符定义相同的显式样式，可以把多个选择符组合在一起定义，用逗号将选择符分开，这样可以减少样式重复定义，精简代码，语法格式如下：

```
选择符1,选择符2,…{属性1:属性值;属性2:属性值…}
```

例如：

```
p,div{
    text-align:left;
    font-size:14px;
}
```

上例中段落p和层div标签内的文本大小为14像素，水平对齐方式为左对齐。若段落p和层div标签单独定义，效果与此相同，但重复编写代码。

（5）后代选择符

后代选择符（descendant selector）又称包含选择符。后代选择符可以选择作为某元素后代的元素。在后代选择符中，规则左边的选择符一端包括两个或多个用空格分隔的选择符。选择符之间的空格是一种结合符（combinator）。语法格式如下：

选择符1 选择符2{属性1:属性值;属性2:属性值…}

例如：

```
<html>
<head>
    <title>后代选择符</title>
    <style>
        div p{background-color:#F00;}
    </style>
</head>
<body>
    <p>这是段落！</p>
    <div>
        <p>这是DIV内段落！</p>
    </div>
</body>
</html>
```

上例中，只有被DIV包含的段落p背景颜色才为红色，外层段落不会改变背景颜色。

（6）伪类选择符

伪类（pseudo-class）可以看作一种特殊的类选择符，可以被浏览器自动识别，它可以对链接在不同状态下定义不同的样式效果。伪类CSS是已经定义好的，不能像类选择符一样随意命名，可以看作对象在某个特殊状态下的样式。语法格式如下：

a: 伪类{属性1:属性值;属性2:属性值…}

或

a.类选择符: 伪类{属性1:属性值;属性2:属性值…}

如链接的不同状态都可以不同的方式显示，这些状态包括：未访问的链接状态（a:link），已访问的链接状态（a:visited），鼠标移动到链接上的状态（a:hover），选定的链接状态（a:active）。

三、JavaScript 脚本语言

1．JavaScript基础

JavaScript是一种基于对象和事件驱动并具有安全性能的脚本编写语言。在HTML基础上，使用JavaScript可以开发交互式Web网页，它是通过嵌入或调入在标准HTML中实现的。JavaScript与HTML标识结合在一起，实现在一个网页中链接多个对象，与网络客户交互作用，从而可以开发客户端的应用程序。

在HTML文件中有三种方式调用JavaScript代码，第一种是内部JavaScript，代码在一对<Script>标签对之间编写，可存在HTML文件内部任何位置；第二种是行内JavaScript，代码存放在HTML标签内部，如<input type="button" value="单击" onclick="javascript:alert('你好！')">；第三种是外部JavaScript，代码单独存放在HTML文件外一个扩展名为".js"的文件中，通过<Script>或<link>标签引入调用的页面中。

2．文档对象模型

JavaScript通过DOM（Document Object Model，文档对象模型）实现对HTML节点的控制。在浏览器中，基于DOM的HTML分析器将一个页面转换成一个对象模型的集合，浏览器正是通过对这个对象模型的操作，来实现对HTML页面的显示。通过DOM接口，JavaScript可以在任何时候访问HTML文档中的任何一部分数据，因此，利用DOM接口可以无限制地操作HTML页面。

（1）元素节点（element node）

在 HTML 文档中，各 HTML 元素（如<body>、<p>、<ul>等）构成文档结构模型的一个元素对象。在节点树中，每个元素对象又构成了一个节点。元素可以包含其他元素，例如"购物清单"代码：

```
<ul id="purchases">
  <li>Beans</li>
  <li>Cheese</li>
  <li>Milk</li>
</ul>
```

所有列表项元素<li>都包含在无序清单元素<ul>内部。其中节点树中<html>元素是节点树的根节点。

（2）文本节点（text node）

在节点树中，元素节点构成树的枝条，而文本则构成树的叶子。如果一份文档完全由空白元素构成，它将只有一个框架，本身并不包含内容。没有内容的文档是没有价值的，而绝大多数内容由文本提供。例如：

```
<p>Welcome to<em> DOM </em>World! </p>
```

语句中包含"Welcome to""DOM""World!"三个文本节点。在 HTML中，文本节点总是包含在元素节点的内部，但并非所有的元素节点都包含或直接包含文本节点，如"购物清单"中，<ul>元素节点并不包含任何文本节点，而是包含着另外的元素节点，后者包含着文本节点，所以说，有的元素节点只是间接包含文本节点。

（3）属性节点（attribute node）

HTML 文档中的元素或多或少都有一些属性，便于准确、具体地描述相应的元素，便于进行进一步的操作。例如：

```
<h1 class="Sample">Welcome to DOM World! </h1>
<ul id="purchases">…</ul>
```

这里 class="Sample"、id="purchases"都属于属性节点。因为所有属性都放在元素标签中，所以属性节点总是包含在元素节点中。

（4）获取DOM元素

DOM中定义了多种获取元素节点的方法，如getElementById( )、getElementsByName( )和getElementsByTagName( )等。

getElementById( )方法通过元素节点的id可以准确获得需要的元素节点，是比较简单快捷的方法。如今，已经出现了如prototype、Mootools等多个JavaScript库，它们提供了更简便的方法：$(id)，参数仍然是元素节点的id。这个方法可以看作document.getElementById( )的另外一种写法。需要操作HTML文档中的某个特定元素时，最好给该元素添加一个id属性，为它指定一个（在文档中）唯一的名称，然后就可以用该id 属性的值查找想要的元素节点。

getElementsByName( )方法与 getElementById( )方法相似，但是它查询元素的 name 属性，而不是 id 属性。因为一个文档中的 name 属性可能不唯一（如 HTML 表单中的单选按钮通常具有相同的 name 属性），所以 getElementsByName( )方法返回的是元素节点的数组，而不是一个元素节点。然后，可以通过要获取节点的某个属性循环判断是否为需要的节点。

getElementsByTagName( )方法通过元素的标记名获取节点，同样该方法也返回一个数组。在获取元素节点之前，一般都知道元素的类型，所以使用该方法比较简单。但是缺点也显而易见，那就是返回的数组可能十分庞大，这样就会浪费很多时间。它不是document对象的专有方法，还可以应用到其他节点对象。

比如单击按钮就能获取某个内容，实现代码如下：

```
<html>
  <head>
    <title>getElementById()方法</title>
    <script type="text/javascript">
      function getValue() {
        var text = document.getElementById("myHeader")
        alert(text.innerHTML)
      }
  </script>
  </head>
  <body>
    <h1 id="myHeader" onclick="getValue()">这是标题</h1>
    <p>单击标题，会提示出它的值。</p>
```

```
      </body>
    </html>
```

上例中，通过单击事件调用getValue( )函数，在函数中先用getElementById( )方法获取h1对象，再通过对象的文本属性innerHTML获取对象的内容。

一、系统登录页面总体布局

（1）整个页面表单中包含一个div（user_login），通过dl标签分隔成三行，分别是顶部（user_top）、主体（user_main）和底部（user_bottom），宽度是590 px。

（2）将每行分成三列，分别是左侧、中部、右侧。

（3）将左侧留白，中部（user_main_c）利用无序列表标签存放用户名、密码、Cookie，右侧（user_main_r）存放登录图片按钮。

二、系统登录页面详细设计

（1）编写总体布局代码，代码如下：

```
<form id=" form1" runat=" server" >
<div id=user_login>
<dl>
  <dd id=user_top>
  <ul>
   <li class=user_top_l></li>
   <li class=user_top_c></li>
   <li class=user_top_r></li>
  </ul>
  <dd id=user_main>
  <ul>
   <li class=user_main_l></li>
   <li class=user_main_c>
     <div class=user_main_box>
       <ul>
         <li class=user_main_text></li>
         <li class=user_main_input></li>
       </ul>
       <ul>
         <li class=user_main_text></li>
         <li class=user_main_input></li>
       </ul>
       <ul>
         <li class=user_main_text></li>
         <li class=user_main_input></li>
       </ul>
       </div>
   </li>
   <li class=user_main_r></li>
```

```
    </ul>
    <dd id=user_bottom>
    <ul>
      <li class=user_bottom_l></li>
      <li class=user_bottom_c></li>
      <li class=user_bottom_r></li>
    </ul>
    </dd>
  </dl>
</div>
```

（2）新建User_Login.css文件，用于控制登录页面的样式，并将整个页面的所有标签的外边距和内边距都设置为0；主体div（user_login）居中对齐；将所有li标签列表类型设置为none、左浮动、清除浮动影响。

（3）将div（user_login）设置背景图片，CSS代码如下：

```
#userlogin_body {
    BACKGROUND: url(../Images/user_all_bg.gif) #226cc5 repeat-x 50%
top; PADDING-BOTTOM: 0px; MARGIN: 110px 0px 0px; FONT: 12px/150%
Arial,Helvetica,sans-serif;TEXT-DECORATION: none;
  }
```

（4）为分隔的三行三列设置不同的背景图片。

（5）将第二行的第二列插入一个div（user_main_box），在此div中加入三个两行的无序列表，前两行插入两个文本框服务器控件，分别用于输入用户名和密码，第三行插入一个下拉列表，用于Cookie选项。

（6）在第二行第三列插入一个图片超链接控件，完成登录界面设计，如图2-2所示。

图2-2 系统登录界面

【延伸阅读】

1. HTML行内标签和块标签

HTML标签可分为两类：块元素和内联元素，在CSS布局页面中很重要的两个概念。

块状元素一般是其他元素的容器，可容纳内联元素和其他块状元素，块状元素排斥其他元素与其位于同一行，宽度（width）高度（height）起作用。常见块状元素有div、table、ul、hr、h1-h6、form等。

内联元素只能容纳文本或者其他内联元素，它允许其他内联元素与其位于同一行，但宽度（width）高度（height）不起作用。常见内联元素有a、img、input、span、font等。

2. CSS层叠性

层叠性也可以看作继承性，样式表的继承性则是外部元素样式会保留下来继承给这个元素所包含的其他元素。事实上，所有在元素中嵌套的元素外层元素指定的属性值，有时会有很多嵌套的样式叠加在一起，除非另外更改。例如，div标签中的段落p标签。代码如下：

```
div{color:red;font-size:9px;}
…
<div>
  <p>这个段落的文字为红色9像素</p>
</div>
```

此例中p标签中的内容样式会继承div定义的属性。

当样式表继承遇到冲突时，总是以最后定义的样式为准。如果在上例基础上，继续定义段落p的颜色：

```
div{color:red;font-size:9px;}
p{color:blue;}
…
<div>
  <p>这个段落的文字为蓝色9像素</p>
</div>
```

可以看到段落中的文字大小9像素是继承了div属性的，而color属性则依照最后定义的。

不同的选择符定义相同的元素时，要考虑不同的选择符之间的优先级。ID选择符、类选择符和HTML标签选择符，因为ID选择符是最后加到标签上的，所以优先级最高，其次是类选择符。

任务2 C#语言基础

任务导入

物业管理系统需要对许多数据进行合法性验证，有的放在客户端运用脚本语言进行验证，有的则需在服务端运用C#语言进行验证，有的数据要从其他数据中提取出来。系统中业主的身份证号码是一个重要的数据，本任务是从身份证号码中提取出生年月日、性别等信息。

知识技能准备

一、C# 语言基本结构

C#代码是由一系列语句构成，每个语句都用一个分号表示结束。因为空格被忽略，所以一行可以有多个语句，但从可读性的角度讲，通常在分号的后面加上回车符。

C#是一个块结构的语言，所有的语句都是代码块的一部分，这些块用大括号界定，可以包含任意多行语句，或者不包含语句，大括号（{…}）字符后面不需要附带分号。简单的C#代码如下：

```
{
    语句1；
    语句2；
    …
}
```

在这个简单的代码中，使用缩进格式，使C#代码的可读性更强。

二、C# 语言基本语法

1. 数据类型

数据类型定义了数据的性质、表示、存储空间和结构。C#数据类型可以分为值类型和引用类型：值类型用来存储实际值，引用类型用来存储实际数值的引用。引用类型主要包括类、接口、数组和字符串。这里主要介绍值类型，C#常用值类型如表2-1所示。

表 2-1　C# 常用值类型

类　型	描　述	取　值　范　围
bool	布尔型	True 和 False
sbyte		$-128 \sim 127$
short	有符号整数	$-32\,768 \sim 32\,767$
int		$-2\,147\,483\,648 \sim 2\,147\,483\,647$
long		$-9\,223\,372\,036\,854\,775\,808 \sim 9\,223\,372\,036\,854\,775\,807$
float	单精度浮点型	$1.5 \times 10^{-45} \sim 3.4 \times 10^{+38}$
double	双精度浮点型	$5.0 \times 10^{-324} \sim 1.7 \times 10^{+308}$
char	字符型	$0 \sim 65\,535$
decimal	十进制类型	$1.0 \times 10^{-28} \sim 7.9 \times 10^{+28}$
ushort		$0 \sim 65\,535$
uint	无符号类型	$0 \sim 4\,294\,967\,295$
ulong		$0 \sim 18\,446\,744\,073\,709\,551\,615$
byte		$0 \sim 255$

2．常量与变量

常量是值固定不变的量。例如，圆周率就是一个不变的量。在程序的整个执行过程中其值一直保持不变，常量的声明就是声明它的名称和值。常量声明格式如下：

```
const 数据类型 常量表达式
```

例如，声明圆周率如下：

```
const float PI=3.1415927f;
```

声明后每次使用都可以直接引用PI，可避免数字冗长出错。

程序要对数据进行读写等运算操作，当需要保存特定的值或计算结果时，就需要用到变量。变量是存储信息的基本单元，变量中可以存储各种类型的信息。变量声明格式如下：

```
数据类型 变量名;
```

例如，声明一个变量用来保存学生年龄，格式如下：

```
int age;
```

3．流程控制

（1）条件语句

当程序中需要进行两个或两个以上的选择时，可以根据条件判断选择哪组执行语句。C#提供了if和switch语句。

① if语句。当在条件成立时执行指定的语句，不成立时执行另外的语句。if...else语句的语法格式如下：

```
if(布尔表达式)
{
   语句块;
}
```

或

```
if(布尔表达式)
{
   语句块;
}
else
{
   语句块;
}
```

② switch语句。if语句每次只能判断两个分支，如果要实现多种选择就可以使用switch语句。语法格式如下：

```
switch(控制表达式)
{
  case 常量表达式1: 语句组1;[break;]
  case 常量表达式2: 语句组2;[break;]
```

```
...
case 常量表达式n: 语句组n;[break;]
[default: 语句组 n+1;[break;]]
}
```

（2）循环语句

许多复杂问题往往需要做大量的重复处理，因此循环结构是程序设计的基本结构。C#提供了4种循环语句，可在不同情况下选用。

① while循环。while循环的语法格式如下：

```
while(条件)
{
  语句块;
}
```

② do...while循环。do...while循环的语法格式如下：

```
do
{
  语句块;
}
while(条件);
```

do...while循环与while循环的区别在于前者先执行后判断，后者先判断后执行。

③ for循环。for循环必须具备以下条件：

➢ 条件一般需要进行一定的初始化操作。

➢ 有效的循环需要能够在适当的时候结束。

➢ 在循环体中要能够改变循环条件的成立因素。

for 循环的语法格式如下：

```
for(条件初始化;循环条件;条件改变)
{
  语句块;
}
```

例如，将1到100的整数累加，用for循环实现如下：

```
int sum=0;
for(int i=1;i<100;i++)
{
  sum+=i;
}
```

④ foreach循环。foreach 语句用于循环访问集合中的每项以获取所需的信息，但不应用于改变集合内容。语法格式如下：

```
foreach(数据类型 标识符 in 表达式)
```

```
{
    语句块;
}
```

三、C# 语言中的数组

　　声明一个变量可以存储一个值，当遇到要存储多个相同类型的值的时候，变量就显得无能为力，数组正是在这种存储需求下设计的一种数据结构；常量可用来存储一个固定值，但是要存储多个固定值的时候，常量也失效了，这时候就要借助于枚举来实现；而结构是用来表示更加复杂的值类型，在结构中，用户可以声明不同数据类型的变量作为一个整体。

　　数组是一种包含若干变量的数据结构，这些变量都可以通过计算机索引进行访问。数组中包含的变量（又称数组元素）具有相同的数据类型，该类型是数组的元素类型。

　　数组的每个维度都有一个关联的长度，它是一个大于或等于0的整数。维度的长度不是数组类型的组成部分，而只与数组类型的实例相关联，它是在运行过程中创建实例时确定的。维度的长度确定该维度下标的有效范围，C#语言中维度下标是从0开始的，比如一维数组长度是5，那么下标就是0到4。

　　数组的声明和初始化工作有3种方式：

　　方式一：

```
string[] studentname=new string[5];
```

　　计算机内存将分配5个连续的存储string类型的空间。因为string类型在C#中是引用类型，所有系统默认将每个元素初始化为NULL；如果是数值型数组，将默认初始化为0。

　　方式二：

```
string[] studentname=new string[]{"peter","rose","jack","bill"};
```

　　这里可以不用显示指定数组的长度，数组默认长度为初始化元素的个数。

　　方式三：

```
string[] studentname={"peter","rose","jack","bill"};
```

　　当定义的时候就知道数组的元素，方式三程序更简洁。

四、C# 语言中的异常处理

　　程序运行时出现的错误有两种：可预料的和不可预料的。对于可预料的错误，可以通过各种逻辑判断进行处理，对于不可预料的错误必须进行异常处理。C#语言的异常处理功能提供了处理程序运行时出现的任何意外情况，异常处理使用try、catch和finally关键字处理可能未成功的操作，处理失败并在事后清理资源。C#代码中处理可能的错误情况时，一般将程序的相关部分分成3种不同类型的代码块：

　　try块包含的代码组成了程序的正常操作部分，但可能遇到某些严重的错误情况。

　　catch块包含的代码处理各种错误情况，这些错误是try块中的代码执行时遇到的。

　　finally块包含的代码清理资源或执行要在try块或catch块末尾执行的其他操作。

语法格式如下：

```
try
  {
    //可能出现异常错误代码块;
  }
catch
  {
    //错误捕捉处理;
  }
Finally
  {
    //负责清理资源;
  }
```

五、C# 语言中的面向对象特性

1．类和对象

C#的类是一种对包括数据成员、函数成员和嵌套类型进行封装的数据结构。其中数据成员可以是常量或域；函数成员可以是方法、属性、索引器、事件、操作符、实例构建器、静态构建器和析构器。除了某些导入的外部方法，类及其成员在C#中的声明和实现通常放在一起。

类的声明格式如下：

```
public class 类名[:基类名]
{
  ...
}
```

在上面的代码中，public是类修饰符，大括号内是类的内容。C#中有多种修饰符来表达类的不同性质。根据保护级别，C#的类有5种不同的限制修饰符。

- ➢ public可以被任意存取。
- ➢ protected只可以被本类和其继承子类存取。
- ➢ internal只可以被本组合体内所有的类存取，组合体是C#语言中类被组合后的逻辑单位和物理单位，其编译后的文件扩展名是".dll"或".exe"。
- ➢ protected internal唯一的组合限制修饰符，它只可以被本组合体内所有的类和继承子类所存取。
- ➢ private只可以被本类所存取。

类与对象的区分对把握面向对象编程至关重要。类是对其成员的一种封装，对象是对类的实例化，实例化对象格式如下：

```
类 对象名=new 类;
```

这里new语义将调用相应的构建器，C#所有对象都将创建在托管堆上。下面创建一个学生类：

```
public class student
{
  public string name;
  public int age;
  public int phone;
  public sex;
  public void study()
  {
    ...
  }
}
```

学生类中定义name、age、phone、sex成员变量，还定义了一个study方法。

2. 继承和接口

继承是面向对象编程主要特征之一，它可以重用代码，节省程序设计的时间。在C#中，类支持单一继承，而且object类是所有类的基类。下面是一个继承的例子：

```
using System;
public class ParentClass
{
  public ParentClass()
  {
    Console.WriteLine("Parent Constructor");
  }
  public void print()
  {
    Console.WriteLine("I am a Parent Class");
  }
}
public class ChildClass:ParentClass
{
  public ChildClass()
  {
    Console.WriteLine("Child Constructor");
  }
}
public static void Main()
{
  ChildClass child=new ChildClass();
  child.print();
}
```

上例中定义了类ParentClass和类ChildClass，并且类ChildClass继承ParentClass，实例化子类后，调用了父类公共方法print()。

C#中不支持多重继承对象层次，原因是多重继承经常被误用。在没有采用多重继承的情况下，C#类只能从一个基类继承其功能，但可以使用接口实现。接口是一种标准和规范，它可以约束类的行为，使不同的类能达到一个统一的规范。接口中可以包含字段、属性、方法和索引器等。但是接口中属性和方法都不能实现，接口使用interface关键字声明。

 **任务实施**

1. 创建解决方案

启动Visual Studio 2015应用程序之后，选择"文件"→"新建"→"项目"命令，弹出"项目创建"对话框，在左侧选择Visual C#→Web选项，右侧选择"ASP.NET Web应用程序"选项，项目名称为IDinfo，路径为"D:\IDinfo\"。

视　频

2. 创建Web窗体

右击解决方案资源管理器中的项目名，在弹出的快捷菜单中选择"添加"→"新建项"命令，弹出"添加新项"对话框，选择"Web窗体"选项，在"名称"文本框中输入"idinfo.aspx"，单击"添加"按钮。

3. 界面设计

从左侧工具箱中分别拖动2个Label控件、TextBox控件、Button控件到工作区。单击工作区中的第一个Label控件，在右下角的"属性"窗口中找到ID属性，将属性值"Label1"修改为LblHeader，找到Text属性，输入"身份证号码"，其余控件设置方法类似，全部属性设置如表2-2所示。

表 2-2　控件属性设置

控　件	ID	Text
Label	LblHeader	身份证号码
TextBox	TxtID	空
Button	BtnConfirm	提取
Label	LblMessage	空

4. 编写代码

双击"提交"按钮，进入代码页IDinfo.aspx.cs，在protected void btnconfirm_Click(object sender, EventArgs e)下面的一对大括号{}中编写如下代码。

```
if(TxtID.Text.Length != 18)
{
  LblMessage.Text = "您应输入18位的号码";
}
else
{
  System.Text.ASCIIEncoding ascii = new System.Text.ASCIIEncoding();
  byte[] bytestr = ascii.GetBytes(TxtID.Text);
  foreach(byte c in bytestr)
```

```
{    //判断是否含有非法字符
  if(c < 48 || c > 57)
  {
    LblMessage.Text = "含有非法字符";
  }
  else
  {
    string year;
    year = TxtID.Text.Substring(6, 4);
    LblMessage.Text = "您生于" + year + "年";
    // 判断性别
    if(bytestr[16]%2==1)
    {
      LblMessage.Text = LblMessage.Text + "，您的性别：男";
    }
    else
    {
      LblMessage.Text = LblMessage.Text + "，您的性别：女";
    }
  }
}
}
```

5. 测试页面

选中页面右击，在弹出的快捷菜单中选择"从浏览器查看"命令，这时Visual Studio平台调用内部Web服务器显示页面，输入一个身份证号码即可进行测试，如图2-3所示。

图 2-3   身份证号码识别器

小　　结

本单元主要介绍了物业管理系统登录界面设计，以及C#语言基础，具体要求掌握的内容如下。

1. 物业管理系统登录界面设计

通过介绍物业管理系统登录界面设计过程，综合运用了 HTML、CSS 和 JavaScript 相关知识，重点掌握 HTML 基本标签含义、CSS 选择器语法和常用属性含义，以及 JavaScript 基本语法和 DOM 文档对象模型的使用方法。

2. C# 语言基础

通过一个小案例的设计，重点掌握 C# 语言的常量和变量、C# 语言的流程控制、C# 语言数组、C# 语言异常处理，以及面向对象程序设计的三大特性。

实　训

实训 1　运用 DIV+CSS 布局实现如图 2-4 所示的电影列表。

图 2-4　电影列表

提示：电影列表主要运用DIV+CSS技术中的position定位知识实现，主要过程如下：

（1）将 margin 和 padding 属性设置为 0，并设置清除浮动。

（2）运用无序列表（ul）、span 标签和 p 标签制作电影列表主体框架。

（3）设置 ul 的宽度是列表项 li 宽度的四倍，使电影列表每行显示四部电影。

（4）追加 li 浮动、边框等样式让图片列表横排显示，并让它们之间空开距离。

（5）运用 position 绝对定位准确定位文本和图片之间的位置。

实训 2　运用 C# 语言实现冒泡排序算法。

提示：冒泡排序法是对所有相邻记录的关键字进行比较，如果是逆序（R[j]>R[j+1]),则将其交换，最终达到有序化，其处理过程如下：

（1）将整个待排序的记录序列化分成有序区和无序区。初始状态有序为空，无序区包括所有待排序的记录。

（2）对无序区从前向后依次将相邻记录的关键字进行比较，若逆序则将其交换，从而使得关键字值小的记录向上"飘"（左移），关键字值大的记录向下"沉"（右移）。

（3）每经过一趟冒泡排序，都使无序区中关键字值最大的记录进入有序区，对于由 N 个记录组成的记录序列，最多经过 $N-1$ 趟冒泡排序，就可以将这 N 个记录重新按关键字顺序排列。

习　题

一、选择题

1. HTML 中表示文字粗体的标记除了使用 <strong> 外，还可以使用（　　）。

　　A. <a>　　　　　　　B. <b>　　　　　　　C. <c>　　　　　　　D. <d>

2. body 元素用于背景颜色的属性是（　　）。

　　A. alink　　　　　　B. vlink　　　　　　C. bgcolor　　　　　D. background

3. 添加背景音乐的 HTML 标签是（　　）。

　　A. <bgsound>　　　B. <bgmusic>　　　C. <bgm>　　　　　D. <music>

4. 想要使用户在单击超链接时，弹出一个新的网页窗口，需要在超链接中定义目标的属性为（　　）。

　　A. _parent　　　　　B. _blank　　　　　C. _top　　　　　　D. _self

5. 下列关于 HTML 的 <table> 标记正确的是（　　）。

　　A. border 用于设置表格边线宽度，cellpadding 用于设置框线厚度

　　B. cellpadding 用于设置框线厚度，cellspacing 用于设置数据与边框的距离

　　C. bgcolor 用于设置单元格的背景颜色，width 用于设置整个表格的宽度

　　D. valign 用于强制单元格内容不换行，nowarp 用于设定单元格内容垂直对齐方式

6. 如果层中的图片太大，要设置超出部分照样显示，则"溢出"选项中应选择（　　）。

　　A. visible　　　　　B. hidden　　　　　C. scroll　　　　　D. auto

7. 当鼠标移动到文字链接上时显示一个隐藏层，这个动作的触发事件应该是（　　）。

　　A. onClick　　　　　B. onDblClick　　　C. onMouseOver　　D. onMouseOut

8. JavaScript 的 onSubmit 事件的作用是（　　）。

　　A. 当一个表单中的对象被单击时，执行的 JavaScript 事件

　　B. 当用户提交一个表单时，需要执行的 JavaScript 事件

　　C. 当鼠标移出对象时发生的事件

　　D. 对象发生改变时调用的事件

9. JavaScript 获取系统当前日期和时间的方法是（　　）。

　　A. new Date();　　　B. new now();　　　C. now();　　　　　D. Date();

10. 下面（　　）事件不是鼠标键盘事件。

　　A. onclick　　　　　B. onmouseover　　C. oncut　　　　　D. onkeydown

11. 在 C# 中无须编写任何代码就能将 int 型数值转换为 double 型数值，称为（　　）。

   A. 显式转换　　　　B. 隐式转换　　　　C. 数据类型变换　　　D. 变换

12. 如果左操作数大于右操作数，则（　　）运算符返回 false。

   A. =　　　　　　　　B. <　　　　　　　　C. <=　　　　　　　D. 以上都是

13. 在 C# 中，（　　）表示为 ""。

   A. 空字符　　　　　B. 空串　　　　　　C. 空值　　　　　　D. 以上都不是

二、编程题

1. C# 语言实现求 1 到 100 之间的所有素数和，使用 while 语句。

2. C# 语言实现求出当前日期后第 21 天的日期。

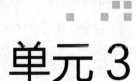

单元 3
Web 服务器控件

本单元主要实现物业管理系统小区管理员注册页面、住户个人基本信息录入界面的设计。

学习目标

➢ 掌握 Label 控件、TextBox 控件、Button 控件的用法；

➢ 掌握 RadioButton 控件、RadioButtonList 控件、CheckBox 控件、CheckBoxList 控件的用法；

➢ 掌握 DropDownList 控件、ListBox 控件的用法；

➢ 掌握 FileUpload 控件的用法。

具体任务

➢ 任务1 物业管理系统小区管理员注册界面设计

➢ 任务2 物业管理系统住户信息录入界面设计

任务1 物业管理系统小区管理员注册界面设计

任务导入

物业管理系统用户分为两类，一类是管理员，另一类是住户；用户管理是系统的基本功能之一，是对用户的浏览、添加、修改、删除等操作，本节使用Web服务器控件设计小区管理员添加界面。

知识技能准备

ASP.NET服务器控件是运行在服务器端，并且封装了用户界面和其他功能的组件。控件的含义表明它不仅是具有呈现外观作用的元素，而且是一种对象，一种定义Web应用程序用户界面的组件。Visual Studio 2015提供了丰富的服务器控件，如Web标准服务器控件、HTML服务器控件、验证控件和数据控件等。

一、Label 控件

Label控件用于在页面上显示文本信息，它不但支持静态文本显示，而且还支持用户编程方式动态显示文本。Label控件常用的属性有ID、Text和Font等。其中，ID表示控件标识，Text表示控件显示的文本内容，Font表示字体格式设置，如大小、颜色等。

注意：通常情况下页面上显示的静态文件是使用 HTML 标签或者静态文字显示，而不使用 Label 控件，因为 Label 控件作为服务器控件会占用一定的服务器资源。

二、TextBox 控件

TextBox控件又称文本框控件，是用于输入任何类型的文本、数字或其他字符的文本区域。同时TextBox控件也可以设置为只读控件，用于文本显示。

TextBox控件的常用属性及说明如表3-1所示。

表 3-1　TextBox 控件的常用属性及说明

属　性	说　　明
ID	控件唯一标识
Text	控件要显示的文本
TextMode	控件的输入模式，有 SingleLine（单行）、MultiLine（多行）、Password（密码）三种，默认为 SingleLine
Width	控件的宽度
MaxLength	控件可接收的最大字符数
AutoPostBack	控件内容修改后，是否自动回发到服务器
Visible	控件是否可见
Enabled	控件是否可用
Rows	控件中显示文本的行数，该属性在 TextMode 为 MultiLine 时有效

三、Button 控件

Button控件是使用频率最高的控件之一，用户通过单击Button来执行该控件的单击事件。Button控件常用的属性有ID、Text、PostBackUrl及OnClick事件。其中PostBackUrl属性用于设置单击控件所发送的URL地址。

一、小区管理员注册界面布局设计

1. 创建Web窗体

右击解决方案资源管理器中的项目名，在弹出的快捷菜单中选择"添加"→"新建项"命令，弹出"添加新项"对话框，选择"Web窗体"选项，在"名称"文本框中输入"add_Residential_admin.aspx"，单击"添加"按钮。

视频

2．界面总体布局

总体采用表格布局，插入一个2行1列的表格，宽度100%，填充、间距设置为0。第1行用于显示内容标题，在第2行再嵌套一个1行2列的表格，左侧单元格用于存放管理员信息，右侧单元格存放提示信息和按钮，总体布局代码如下：

```html
<form id="form1" runat="server">
  <table width="100%" border="0" cellspacing="0" cellpadding="0">
    <tr>
      <td>添加小区管理员<hr/></td>
    </tr>
    <tr>
      <td >
        <table>
          <tr>
            <td></td>
            <td></td>
          </tr>
        </table>
      </td>
    </tr>
  </table>
</form>
```

二、小区管理员注册界面详细设计

1．新建CSS样式表

选择"文件"→"新建"→"文件"命令，弹出"新建文件"对话框，在右侧选择"样式表"选项，单击"打开"按钮，再选择"文件"→"保存StyleSheet1.css"命令，弹出"另存文件为"对话框，在"文件名"文本框中输入"style-main.css"，保存路径选择项目CSS目录，单击"保存"按钮完成创建，如图3-1和图3-2所示。

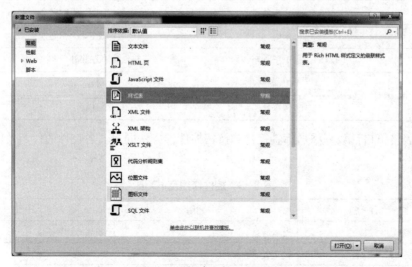

图 3-1　"新建文件"对话框

图 3-2　保存 CSS 文件对话框

使用link标签将新建的CSS文件引入Web窗体头部中，代码如下：

```
<link href="css/style-main.css" type="text/css" rel="stylesheet"/>
```

2．添加内容标题

在外层表格第1行输入页面标题"添加小区管理员"。

3．添加Web服务器控件

在嵌套表格第1行第1列添加文本框Web服务器控件，拖动工具箱文本框控件图标至单元格中。在"用户ID"和"密码"文本框控件后面增加一个容器<span>，并向容器中添加一个"*"，用于提示用户为必填项，在每个文本框控件的结尾使用
换行。各控件的作用及ID值如表3-2所示。

表 3-2　控件作用及 ID 值

控　件	作　用	ID 值
TextBox	用户名	TxtUserID
TextBox	密码	TxtUserPwd
TextBox	电子邮箱	TxtEmail
TextBox	电话号码	TxtTel
TextBox	传真号码	TxtFax

在嵌套表格第1行第2列添加标签控件和按钮控件，方法同上。各控件的作用及ID值如表3-3所示。

表 3-3　控件作用及 ID 值

控　件	作　用	ID 值
Label	提示信息	LblMarkedWords
Button	提交表单	BtnAddUser

4．添加CSS设置

在新建的style-main.css文件添加样式控制，代码如下：

```
.text-blue-14{font-size:14px; color:#6C85B1; font-weight: bold;line-height:30px}
.auto-style1{width: 452px;}
.auto-style2{color: #FF0000;}
```

将存放内容标题单元格的class属性设置为".text-blue-14"，将存放文本"用户ID"单元格的class属性设置为".auto-style1"，将"用户ID"和"密码"后的"*"样式设置为".auto-style2"，最终效果如图3-3所示。

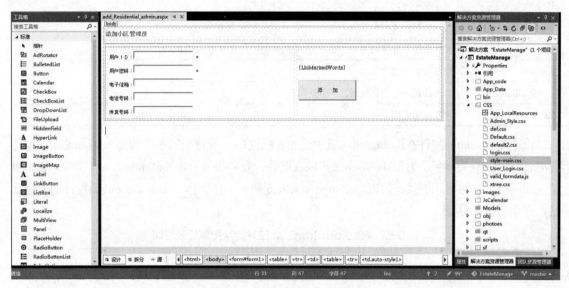

图3-3　小区管理员注册页面

【延伸阅读】

1．ImageButton控件

ImageButton控件是图片按钮控件，用户单击控件上的图片引发控件的Click事件。控件有一个ImageUrl属性，该属性用于设置显示的图片位置。其他属性和用法与Button控件相同。

2．LinkButton控件

LinkButton控件又称超链接按钮控件，该控件在功能上与Button控件相同，但样式以超链接形式显示。LinkButton控件有一个PostBackUrl属性，该属性用于设置单击控件时链接到网址。

任务2　物业管理系统住户信息录入界面设计

物业管理系统给业主提供针对性的服务，系统将收集业主信息并保存，建立业主信息库，然后根据实际情况做出相应的处理操作。

知识技能准备

一、RadioButton 控件和 RadioButtonList 控件

RadioButton控件是单选按钮控件，当用户选择某个单选按钮时，同组中的其他选择不能被同时选中。RadioButton控件的常用属性及说明如表3-4所示。

表 3-4　RadioButton 控件的常用属性及说明

属　性	说　　　明
ID	控件唯一标识
Text	控件关联的文本标签
GroupName	控件所属的控件组名
Checked	控件是否被选中
AutoPostBack	单击控件时是否自动回发到服务器
Enabled	控件是否可用

由于RadioButton控件在RadioButton组中是相互独立的，若判断同组中的多个RadioButton控件是否被选中，需要判断所有RadioButton的Check属性，效率很低。RadioButtonList控件有效地解决了这个问题，它为程序提供一组RadioButton，大大方便了用户操作。RadioButtonList控件的常用属性及说明如表3-5所示。

表 3-5　RadioButtonList 控件的常用属性及说明

属　性	说　　　明
ID	控件唯一标识
TextAlign	设置所显示文本在按钮左边还是右边，默认为 Right
AutoPostBack	单击控件时是否自动回发到服务器，响应 OnSelectedIndexChanged 事件
CellPading	各项目之间的距离
Items	返回 RadioButtonList 控件中的 ListItem 的对象
SelectedItem	返回被选择的 ListItem 对象
RepeatDirection	选择项目排列方向，默认为 Vertical

【例3-1】利用RadioButton控件实现单选效果，如图3-4所示。当用户单击"提交"按钮时，页面弹出对话框提示用户选择是否正确（ex3-1.aspx）。

图 3-4　RadioButton 控件使用

ex3-1.aspx文件代码如下：

```
<%@ Page Language="C#" AutoEventWireup="true" CodeBehind="ex3-1.aspx.cs"
Inherits="IDinfo._3.ex3_1" %>
<!DOCTYPE html>
<html xmlns="http://www.w3.org/1999/xhtml">
<head runat="server">
<meta http-equiv="Content Type" content="text/html; charset=utf-8"/>
<title></title>
</head>
<body>
  <form id="form1" runat="server">
  <div>
  <p>安徽省省会是哪一个城市？</p>
  <asp:RadioButton ID="R1" runat="server" GroupName="select1" Text="A.芜湖市"/>
  <asp:RadioButton ID="R2" runat="server" GroupName="select1" Text="B.安庆市"/>
  <asp:RadioButton ID="R3" runat="server" GroupName="select1" Text="C.合肥市"/>
  <br />
  <asp:Button ID="Button1" runat="server" Text="提交" OnClick="Button1_Click" />
  </div>
  </form>
</body>
</html>
```

Ex3-1.aspx.cs文件中单击事件响应代码如下：

```
protected void Button1_Click(object sender, EventArgs e)
{
  if (R1.Checked == false && R2.Checked == false && R3.Checked == false)
    Response.Write("<script>alert('请选择答案！')</script>");
  else
  {
    if(R3.Checked==true)
      Response.Write("<script>alert('回答正确！')</script>");
    else
      Response.Write("<script>alert('回答错误！')</script>");
  }
}
```

程序说明：

➢ 3个单选按钮控件的GroupName属性值都是select1，只有GroupName属性值相同才能保证这些控件成为一组，才能实现单选效果。

➢ 如果单选按钮控件的Checked属性等于false表示未被选中，如果等于true表示被选中。

二、CheckBox 控件和 CheckBoxList 控件

CheckBox控件称为复选框控件，它支持多选。控件通过Text属性值来设置控件上显示的文本，选项被选中后，Checked属性值为True。

虽然使用CheckBox控件可以生成一组复选框，但这种方式对于多选来说，在程序判断上比较复杂，因此，CheckBox控件一般用于数据项较少的复选框，而对于数据项较多时要使用CheckBoxList控件，方便获得用户所选取的数据项值。

Items为CheckBoxList控件的对象，它的count属性值为控件中数据项的个数，Items[i]为具体的某一项，如果被选中，Items[i].Selected的属性值为True，反之为False。

【例3-2】利用CheckBox控件实现多选效果。如图3-5所示。当用户单击"提交"按钮时，页面弹出对话框提示用户选择是否正确（ex3-2.aspx）。

图 3-5   CheckBox 控件使用

ex3-2.aspx文件代码如下：

```
<%@ Page Language="C#" AutoEventWireup="true" CodeBehind="ex3-2.aspx.cs"
Inherits="IDinfo._3.ex3_2" %>
<!DOCTYPE html>
<html xmlns="http://www.w3.org/1999/xhtml">
<head runat="server">
<meta http-equiv="Content-Type" content="text/html; charset=utf-8"/>
<title></title>
</head>
<body>
  <form id="form1" runat="server">
  <div>
    <p>下面哪些城市是属于安徽省的? </p>
    <asp:CheckBox ID="cb1" runat="server" Text="阜阳市"/>
    <asp:CheckBox ID="cb2" runat="server" Text="淮北市"/>
    <asp:CheckBox ID="cb3" runat="server" Text="无锡市"/>
    <asp:CheckBox ID="cb4" runat="server" Text="铜陵市"/>
    <br />
    <asp:Button ID="Button1" runat="server" Text="提交" OnClick="Button1_Click" />
  </div>
  </form>
</body>
</html>
```

ex3-2.aspx.cs文件中单击事件响应代码如下：

```
protected void Button1_Click(object sender, EventArgs e)
{
  if (!cb1.Checked && !cb2.Checked && !cb3.Checked && !cb4.Checked)
    Response.Write("<script>alert('请选择答案! ')</script>");
  else
  {
    if(cb1.Checked&&cb2.Checked&&cb4.Checked)
      Response.Write("<script>alert('回答正确! ')</script>");
    else
      Response.Write("<script>alert('回答错误! ')</script>");
  }
}
```

程序说明：

➤ 如果复选框按钮控件的Checked属性等于false表示未被选中，如果等于true表示被选中。

➤ if(!cb1.Checked)与 if(cb1.Checked==false)逻辑表达效果相同。

三、DropDownList 控件和 ListBox 控件

DropDownList控件使用户可以从单项选择下拉列表框中进行选择，其余项列表一直保持隐藏状态，当用户单击按钮时，将显示列表项目，但它不支持多重选择模式。

通过设置BorderColor、BorderStyle、BorderWidth属性控制控件的外观。Text属性指定列表中显示文本，Value与某个项关联的值。

当用户选择某项时，控件将引发SelectIndexChanged事件，默认情况下，此事件不会导致向服务器发送页面，但可以通过将AutoPostBack属性设置为True使此控件强制立即发送。

ListBox控件允许用户从预定列表中选择一项或多项。它与DropDownList控件不同之处在于它可一次显示多条项目。

【例3-3】利用DropDownList控件实现用户政治面貌选择功能，如图3-6所示。根据用户不同的选择，单击"提交"按钮后提示用户的选择（ex3-3.aspx）。

图 3-6　DropDownList 控件使用

ex3-3.aspx文件代码如下：

```
<%@ Page Language="C#" AutoEventWireup="true" CodeBehind="ex3-3.aspx.cs"
Inherits="IDinfo._3.ex3_3" %>
<!DOCTYPE html>
```

```
<html xmlns="http://www.w3.org/1999/xhtml">
<head runat="server">
<meta http-equiv="Content-Type" content="text/html; charset=utf-8"/>
<title></title>
</head>
<body>
  <form id="form1" runat="server">
  <div>
  <p>你的政治面貌是:
    <asp:DropDownList ID="ddl1" runat="server">
      <asp:ListItem Selected="True" Value="1">群众</asp:ListItem>
      <asp:ListItem Value="2">党员</asp:ListItem>
      <asp:ListItem Value="3">团员</asp:ListItem>
      <asp:ListItem Value="4">民主党派</asp:ListItem>
    </asp:DropDownList>
  </p>
  <asp:Button ID="Button1" runat="server" Text="提交" OnClick="Button1_Click" />
  <label id="lblmsg" runat="server"></label>
  </div>
  </form>
</body>
</html>
```

ex3-3.aspx.cs文件中单击事件响应代码如下:

```
protected void Button1_Click(object sender, EventArgs e)
{
  lblmsg.InnerText = "你选择的是: "+ddl1.SelectedItem.Text;
}
```

程序说明:

➤ 代码 "<asp:ListItem Selected="True" Value="1">群众</asp:ListItem>" 中Selected="True"的作用是将该选项作为默认选中项。

➤ 代码 "lblmsg.InnerText ="你选择的是: "+ddl1.SelectedItem.Text; " 中的 "+" 为字符串连接符, "ddl1.SelectedItem.Text" 获取选中项的Text值。

四、FileUpload 控件

FileUpload控件是用于将客户端文件上传到服务器的控件。该控件显示一个文本框和一个浏览按钮, 用户可以直接在文本框中输入完整的路径, 也可以通过单击 "选择文件" 按钮选中文件。

FileUpload控件的常用属性及说明如表3-6所示。

表 3-6　FileUpload 控件的常用属性及说明

属　　性	说　　明
ID	控件唯一标识
FileContent	获取指定上传文件的 Stream 对象
FileName	获取上传文件在客户端的文件名称
HasFile	获取一个布尔值，用于表示控件是否已经被包含一个文件
PostedFile	获取一个与上传文件相关的 HttpPostedFile 对象

除了上述属性外，FileUpload控件还有一个重要的SaveAs方法，用于将上传的文件保存到服务器。

【例3-4】利用FileUpload控件实现文件上传功能，如图3-7所示。用户单击页面中的"选择文件"按钮，选中要上传的文件，单击"上传"按钮，文件上传到服务器根目录下upload文件夹中（ex3-4.aspx）。

图 3-7　FileUpload 控件使用

ex3-4.aspx文件代码如下：

```
<%@ Page Language="C#" AutoEventWireup="true" CodeBehind="ex3-4.aspx.cs"
Inherits="IDinfo._3.ex3_4" %>
<!DOCTYPE html>
<html xmlns="http://www.w3.org/1999/xhtml">
<head runat="server">
<meta http-equiv="Content-Type" content="text/html; charset=utf-8"/>
<title></title>
</head>
<body>
  <form id="form1" runat="server">
  <div>
  请选择上传的文件：<asp:FileUpload ID="FileUpload1" runat="server" />
  <asp:Button ID="Button1" runat="server" Text="上传" OnClick="Button1_Click" />
    <asp:Label ID="lblmsg" runat="server"></asp:Label>
  </div>
  </form>
</body>
</html>
```

ex3-4.aspx.cs文件中单击事件响应代码如下：

```
protected void Button1_Click(object sender, EventArgs e)
{
  if(FileUpload1.HasFile == true)
  {
    //获取上传文件名
    string filename = FileUpload1.FileName;
    //获取服务器根目录
    string path = Server.MapPath("~");
    //上传文件
    FileUpload1.SaveAs(path + "\\upload\\" + filename);
    lblmsg.Text = "文件上传成功！";
  }
  else
    Response.Write("<script>alert('请选择文件！')</script>");
}
```

程序说明：

➤ "if (FileUpload1.HasFile == true)"语句是判断用户是否选中上传的文件。

➤ "string filename = FileUpload1.FileName;"语句是获取上传文件的文件名，其中包括上传文件的扩展名。

➤ "string path = Server.MapPath("~");"语句是获取服务器根目录，Server.MapPath( )获取服务器上的绝对路径。

➤ "FileUpload1.SaveAs(path + "\\upload\\"+ filename);"语句是将文件上传到指定的文件夹中，服务器上根目录下必须有upload文件夹，否则会上传失败。

 任务实施

一、住户信息录入界面布局设计

1. 创建Web窗体

右击解决方案资源管理器中的项目名，选择"添加"→"新建项"命令，弹出"添加新项"对话框，选择"Web窗体"选项，在"名称"文本框中输入"manage_home_owner.aspx"，单击"添加"按钮。

2. 界面总体布局

总体采用表格布局，插入一个2行1列的表格，宽度100%，填充、间距设置为0；第1行用于显示内容标题，在第2行再嵌套一个1行1列的表格，宽度100%，填充、间距设置为5px；再在此嵌套表格中插入一个2行2列的表格，并将第2列的单元格合并，此表格第1行第1列单元格和第2行第1列单元格放置用于存放收集业主信息的Web服务器控件，右侧合并的单元格用于放置显示业主照片的图片控件，总体布局代码如下：

```
<form id="form1" runat="server">
  <table width="100%" border="0" cellspacing="0" cellpadding="0">
    <tr>
      <td>业住信息管理<hr /></td>
    </tr>
    <tr>
      <td >
        <table style="width:100%;" cellpadding="5" cellspacing="5">
          <tr>
            <td>
              <table>
                <tr>
                  <td></td>
                  <td rowspan="2"></td>
                </tr>
                <tr>
                  <td></td>
                </tr>
              </table>
              <hr />
            </td>
          </tr>
        </table>
      </td>
    </tr>
  </table>
</form>
```

二、住户信息录入界面详细设计

1. 引入外部CSS样式表

使用link标签将已建好的CSS文件引入Web窗体头部中，代码如下：

```
<link href="css/style-main.css" type="text/css" rel="stylesheet"/>
```

2. 添加内容标题

在最外层表格第1行输入页面标题"业主信息管理"。

3. 添加Web服务器控件

在第2重嵌套表格第1行第1列和第2行第1列添加Web服务器控件，拖动工具箱控件图标至单元格中。代码如下：

```
<table style=" width:100%;" >
  <tr>
```

```
        <td>
            业主编号: <asp:TextBox ID="TxtOwnerID" runat="server" Width="75px"></asp:TextBox>
            姓名: <asp:TextBox ID="TxtName" runat="server" Width="75px"> </asp:TextBox>
            性别: <asp:RadioButton ID="Radmale" runat="server" Checked="True" GroupName
="sex" Text="男" /> <asp:RadioButton ID="Radfemale" runat="server"
GroupName="sex" Text="女" /> 
            工作单位: <asp:TextBox ID="TxtWorkOrg" runat="server" Width="90px"></asp:
TextBox> 
            身份证号: <asp:TextBox ID="TxtID" runat="server" Width="120px"></asp:
TextBox>  
            照片: <asp:FileUpload ID="FupPhoto" runat="server" Width="161px" /> 
            <asp:Button ID="BtnUpload" runat="server" OnClick="BtnUpload_Click" Text=
"上传" />    </td>
            <td rowspan="2"><asp:Image ID="ImgPhoto" runat="server" Height="108px"
Width="95px" />  
        </td>
        </tr>
        <tr>
          <td>
            固定电话: <asp:TextBox ID="TxtPhone" runat="server" Width="75px"></asp:
TextBox> 
            手机: <asp:TextBox ID="TxtMobile" runat="server" Width="75px"></asp:
TextBox>
            电子邮件: <asp:TextBox ID="TxtEmail" runat="server" Width="85px"></asp:
TextBox> 
            联系人: <asp:TextBox ID="TxtResponsiblePerson" runat="server" Width=
"70px"></asp:TextBox> 
            是否入住: <asp:CheckBox ID="ChkStayYesNo" runat="server" /> 
  
            入住日期: <cc1:Calendar ID="CldStayDate" runat="server" SupportDir="~/
JsCalendar" /><asp:Button ID="BtnAdd" runat="server" OnClick="BtnAdd_Click1"
Text="添加" Width="46px" />  
        </td>
          </tr>
        </table>
```

4. 添加CSS设置

将存放内容标题单元格的class属性设置为"`.text-blue-14`"，将2个单元格的class属性设置为"`.auto-style2`"，最终效果如图3-8所示。

图 3-8　业主信息注册页面

【延伸阅读】

Table控件

Web应用系统开发过程中，表格是页面布局的一种重要手段。使用table表格、tr表格行和td表格单元格进行页面布局，操作简单、快捷、大大提高了效率。Table控件常用属性及说明如表3-7所示。

表 3-7　Table 控件常用属性及说明

属　性	说　明
Border	表格边框宽度
CellPadding	表格单元格边框与内容的距离
CellSpacing	表格单元格间距
Align	表格、单元格水平对齐方式
Vlign	表格、单元格垂直对齐方式
Style	表格、单元格样式

小　结

本单元主要实现物业管理系统小区管理员注册界面、住户基本信息录入界面的设计，具体要求掌握的内容如下。

1. 小区管理员注册界面设计

通过小区管理员注册界面设计过程，重点掌握 Web 服务器控件的标签控件、文本框控件、按钮控件，同时在知识拓展部分介绍了图片按钮控件和超链接控件。

2. 住户基本信息录入界面设计

通过业主信息录入界面设计过程，重点掌握 Web 服务器控件的单选按钮控件、复选框控件、下拉列表框控件和文件上传控件，同时在知识拓展部分介绍了表格控件。

实　　训

实训 1　设计文件上传功能，能够实现文件类型、大小限制，防止文件上传至服务器文件名重复而覆盖服务器原有的文件。

提示：

（1）通过获取文件 MIME 内容判断文件类型。

（2）通过 Web.config 配置文件设置文件上传大小限制。

（3）通过上传时的时间加随机数的形式命名上传后文件名。

实训 2　实现职宛物业管理系统楼宇管理功能界面设计。

提示：参考住户信息录入界面设计过程。

习　　题

一、填空题

1. ASPX 网页的代码存储模式有两种，它们是_____和_____代码分离模式。

2. 当一个 Web 控件上发生的事件要立即得到响应时，应该将它的_____属性设置为 True。

3. 控件 TextBox 的 AutoPostBack 属性的作用是_____。

4. 容器控件有_____控件和_____控件，其中常用于动态生成其他控件的是_____控件。

5. 使用_____控件生成多行文本框，需要把 TextMode 属性设置为_____才可以通过 Rows 属性设置行数。

二、选择题

1. 使用一组 RadioButton 按钮制作单选按钮组，需要把（　　）属性的值设为同一值。

　　A. checked　　　　　　B. AutoPostBack　　　　C. GroupName　　　　D. Text

2. 使用 RadioButtonList 生成单选列表，选中其中的某项时触发 SelectedIndexChanged 事件，则该控件的（　　）属性要设置为 True。

　　A. checked　　　　　　B. AutoPostBack　　　　C. selected　　　　　D. Text

3. 要使 ListBox 控件的行数为多行，需要将（　　）属性值设置为 Multiple。

　　A. checked　　　　　　B. AutoPostBack　　　　C. TextMode　　　　D. SelectionMode

4. 当一种控件有多种定义时用（　　）属性来区别它们的定义。

　　A. ID　　　　　　　　B. Color　　　　　　　C. BackColor　　　　D. SkinID

三、操作题

1. 设计就业信息调查反馈页面。

2. 设计用户满意度调查页面。

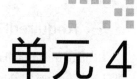

单元 4

物业管理系统用户注册——
验证控件

本单元主要在物业管理系统的业主注册页面中实现业主编号、姓名、身份证号码、联系人、入住日期、电子信箱等输入信息的验证功能。

学习目标

➢ 掌握 RequiredFieldValidator 验证控件的作用、属性和使用方法；
➢ 掌握 RegularExpressionValidator 验证控件的作用、属性和使用方法；
➢ 掌握正则表达式的语法和使用方法。

具体任务

➢ 任务 物业管理系统用户注册数据验证功能的实现

任务 物业管理系统用户注册数据验证功能的实现

任务导入

单元3中学习了使用Web服务器控件设计用户注册界面，但在实际运用中，用户输入的数据不一定符合要求，所以需要程序员对这些注册的数据进行及时验证，并给出相应的错误提示，以保证输入数据的有效性。本单元将介绍住户管理模块中业主注册页面上的业主编号、姓名、身份证号码、联系人、入住日期、电子信箱等输入信息的验证。

知识技能准备

对用户输入信息的验证方式有两种：使用客户端脚本进行验证和使用服务器端的代码进行验

证。客户端脚本验证的方法实现起来比较麻烦，需要程序员进行编程。ASP.NET提供了强大的服务器端的数据验证控件，无须编程，直接将验证控件拖入网页中就可以实现验证功能。在"职苑物业管理系统"的业主注册页面中，主要涉及RequiredFieldValidator和RegularExpressianValidator两个验证控件。

一、RequiredFieldValidator 控件

RequiredFieldValidator控件又称"必填"控件，主要用于验证输入控件的初始值是否发生变化（默认初始值为空字符串），如初始值未发生改变，则验证失败。即需验证的控件必须是一个必填项。RequiredFieldValidator控件的主要属性如表4-1所示。

表 4-1　RequiredFieldValidator 控件的主要属性

属　性	描　述
ControlToValidate	需要进行验证的控件 ID
Text	当验证失败时，显示的消息
ErrorMessage	当验证失败时，如果设置 Text 属性，将在 ValidationSummary 控件中显示的文本；否则，在验证控件中显示文本
Enable	设置该验证控件是否有效，即该验证控件是否可用；Ture 为有效，False 是无效
InitialValue	规定被验证控件的初始值，默认为 ""
ForeColor	该验证控件中文本的颜色（下同）

二、RegularExpressionValidator 控件

RegularExpressionValidator控件又称"正则表达式"控件，主要用于验证输入的内容是否匹配正则表达式指定的模式。如果输入为空，则验证不会失败，所以可同时加入RequiredFieldValidator控件进行验证。RegularExpressionValidator主要属性如表4-2所示。

表 4-2　RegularExpressionValidator 控件的主要属性

属　性	描　述
ControlToValidate	需要进行验证的控件 ID
Text	当验证失败时，显示的消息
ErrorMessage	当验证失败时，如果设置 Text 属性，将在 ValidationSummary 控件中显示的文本；否则，在验证控件中显示文本
ValidationExpression	输入需要进行验证的正则表达式

如果要正确使用RegularExpressionValidator控件，必须要了解正则表达式。

1．正则表达式的语法结构

正则表达式是一种逻辑公式，是一种字符串的匹配模式，就是用事先定义好的一些特定字符（元字符）及这些特定字符的组合，组成一个"规则字符串"，这个"规则字符串"用来表达对字符串的一种过滤逻辑。常用的元字符如表4-3所示。

表 4-3　常用元字符

元 字 符	描　　述
\	是一个转义字符。例如，"\\n"匹配\n（即为换行符）、"\("匹配"("等
*	匹配前面的子表达式任意次。例如，"ab*"能匹配"a"，也能匹配"ab"以及"abb"等，b的匹配次数是任意次
+	匹配前面的子表达式一次或多次（大于或等于 1 次）。例如，"ab+"能匹配"ab"以及"abb"等，但不能匹配"a"
?	匹配前面的子表达式零次或 1 次。例如，"abc?"可以匹配"ab"或"abc"
{n}	n 是一个非负整数。前面的子表达式匹配 *n* 次。例如，"ab{2}c"可以匹配"abbc"
{n,}	n 是一个非负整数。前面的子表达式至少匹配 *n* 次。例如，"ab{2,}c"不能匹配"abc"，但能匹配"abb……c"，其中 b 至少有 2 个
{n,m}	m 和 n 均为非负整数，其中 n ≤ m。前面的子表达式最少匹配 *n* 次，且最多匹配 *m* 次。例如，"ab{1,3}c"将匹配"ab……c"，b 最少有 1 个，最多有 3 个
x|y	匹配 x 或 y。例如，"a|b"能匹配"a"或"b"
[xyz]	字符集合。匹配所包含字符中的任意一个字符。例如，"[abc]"可以匹配"a"或"b"或"c"
[^xyz]	匹配未包含字符中的任意字符。例如，"[^abc]"可以匹配"efg"等
[a–z]	匹配"a"至"z"范围内的任意小写字母
[^a–z]	匹配不在"a"至"z"范围内的任意字符
\d	等价于 [0–9]
\D	匹配一个非数字字符。等价于 [^0–9]
\f	匹配一个换页符
\n	匹配一个换行符
\r	匹配一个回车符
\w	匹配包括下画线的任何单词字符。等价于"[A–Za–z0–9_]"
\W	匹配任何非单词字符。等价于"[^A–Za–z0–9_]"
|	将两个匹配条件进行逻辑"或"（or）运算

这里只列出了常用的元字符，如有需要，可查阅相关内容。

2. 用自定义正则表达式进行数据验证

利用前面的元字符可以构造出各种各样的正则表达式，以匹配不同的逻辑表达式。

例如：中国的邮政编码为 6 个数字，则它的正则表达式为\d{6}，\d 表示匹配一个数字字符，{6}表示前面的子表达式匹配 6 次，即 6 个数字。

例如：中国固定电话号码正则表达式为（（\(\d{3}\)\|\d{3}–）?/d{8}）\|（（\(\d{4}\)\|\d{4}–）?/d{7}）。其中：

➢ \d 表示匹配一个数字字符，{3}表示匹配前面的子表达式 3 次，/d{3}表示匹配 3 个数字；

➢ "\("表示"（"，"\)"表示"）"；

➢ "\|"将两个匹配条件进行逻辑"或"（or）运算，\(\d{3}\)\|\d{3}–表示匹配的形式如（021）或 021–；

> （\(\d{3}\)|\d{3}-）?匹配形式如（021）、021-或什么都没有；"( )？"表示括号中的内容匹配0次或1次；

> （\(\d{3}\)|\d{3}-）？/d{8}匹配形式如 021-21278282、（021）2127822或21278282；

> （\(\d{4}\)|\d{4}-）?表示匹配的形式如（0562）或0562-，"( )？"表示括号里的内容匹配零次或1次；

> （\(\d{4}\)|\d{4}-)?/d{7}匹配形式如 0562-2127828、（0562）2127828或2127828。

任务实施

视频

为了更好地指导用户输入信息，在"职苑物业管理系统"的业主注册页面中为业主编号、姓名、身份证号码、联系人、入住日期、电子信箱的输入文本框提供各种验证，包括必选验证、正则表达式验证。其效果如图4-1所示。

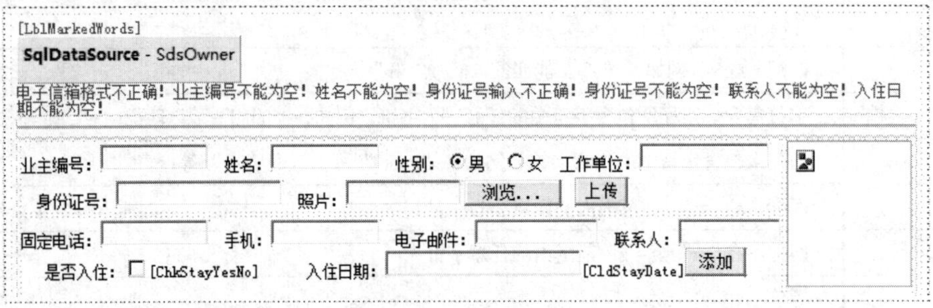

图 4-1　验证控件

操作步骤：

（1）使用RequiredFieldValidator控件实现业主编号、姓名、身份证号码、联系人、入住日期文本框输入不能为空的验证。

① 设置业主编号文本框输入的值不能为空。选择"视图"→"工具箱"命令，调出"工具箱"。

② 展开"验证"工具箱，拖动RequiredFieldValidator控件到合适的位置。

③ 选择"视图"→"属性窗口"选项，修改RequiredFieldValidator控件的属性如表4-4所示。

表4-4　RequiredFieldValidator 控件的属性修改

属　　性	值
ControlToValidate	TxtOwnerID（"业主编号"文本框控件的 ID 值）
ErrorMessage	输入"业主编号不能为空！"
ForeColor	Red（红色）

④ 设置姓名、身份证号码、联系人、入住日期文本框输入的值不能不空，其方法同"业主编号"文本框的设置。

（2）使用RegularExpressionValidator控件实现电子信箱的正确输入验证和身份证号输入的正确验证。

① 实现电子信箱的输入正确验证。在"验证"工具箱中拖动RegularExpressionValidator控件到

图4-1所示"电子信箱格式不正确"所在的位置。

② 修改RegularExpressionValidator控件属性，如表4-5所示。

表4-5　"RegularExpressionValidator"控件的属性修改

属　性	值
ControlToValidate	TxtEmail（"电子邮件"文本框控件的 ID 值）
ErrorMessage	电子信箱格式不正确！
ForeColor	Red（红色）
ValidationExpression	\w+([-+.]\w+)*@\w+([-.]\w+)*\.\w+([-.]\w+)*

③ ValidationExpression属性还可以通过如下方法进行设置：单击该属性右侧的⋯按钮，在弹出的"正则表达式编辑器"对话框中选择"Internet电子邮件地址"选项，单击"确定"按钮。其效果如图4-2所示。

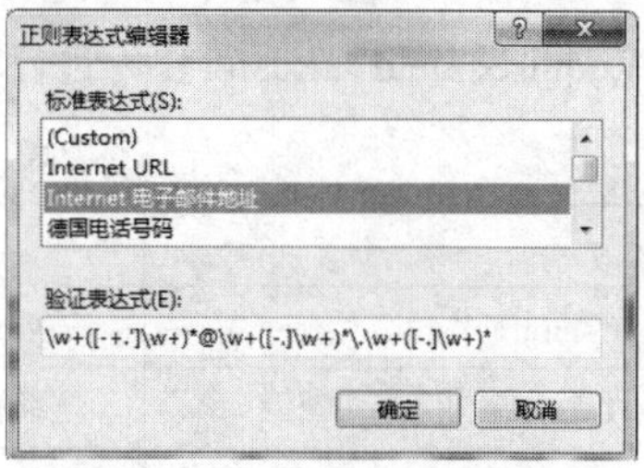

④ 设置身份证号文本框控件的验证，其方法基本同"电子邮件"文本框的设置，需要注意的是修改ValidationExpression的值为(\d{17}[\d|X|x])。

【延伸阅读】

上面在"职苑物业管理系统"的业主注册页面中介绍了

图 4-2　正则表达式编辑器

RequiredFieldValidator和RequiredFieldValidator控件，而常用的验证控件还有RangeValidator、CompareValidator和CustomValidator控件。

1. RangeValidator控件

RangeValidator控件又称"范围"控件，主要用于验证输入控件中输入的值是否介于最小值和最大值之间。如果输入为空，则验证不会失败，所以可同时加入RequiredFieldValidator控件进行验证。注意验证控件可以验证不同类型的数据，如数字、字符及日期等。其主要属性如表4-6所示。

表4-6　RangeValidator 控件的主要属性

属　性	描　述
ControlToValidate	需要进行验证的控件 ID
Text	当验证失败时，显示的消息
ErrorMessage	当验证失败时，如果设置 Text 属性，将在 ValidationSummary 控件中显示文本；否则，在验证控件中显示文本
MaximumValue	规定被验证控件可填入的最大值
MinimumValue	规定被验证控件可填入的最小值
Type	规定输入数据的类型：Double、Integer、String、Date、Currency（货币数据类型）

【例4-1】对输入身高的文本框进行验证，要求身高在1~300 cm，如图4-3所示。

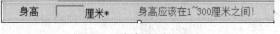

图 4-3　身高范围的验证

操作步骤：

（1）建立一个网站，在Default.aspx设计页面中输入"身高"两个字，并将"标准"工具箱中的TextBox文本框拖入其后，并修改其属性ID值为txtHeight，再输入"厘米*"三个字。

（2）展开"验证工具箱"，将RangeValidator控件拖入txtHeight文本框后面，并修改ControlToValidate属性值为txtHeight，将ErrorMessage属性值修改为"身高应该在1~300厘米之间！"，将MaximumValue属性值修改为300，将MinimumValue属性值修改为1，将Type属性值修改为float，将ForeColor属性值改为Red。

2．CompareValidator控件

CompareValidator控件又称"比较"控件，主要用于被验证控件中输入的值与输入到另一控件中的值或某个常数值进行比较。如果输入为空，则验证不会失败，所以可同时加入RequiredFieldValidator控件进行验证。RangeValidator控件的主要属性如表4-7所示。

表4-7　RangeValidator 控件的主要属性

属　　性	描　　述
ControlToValidate	需要进行验证的控件 ID
Text	当验证失败时，显示的消息
ErrorMessage	当验证失败时，如果设置 Text 属性，将在 ValidationSummary 控件中显示文本；否则，在验证控件中显示文本
ControlToCompare	需要进行比较的控件 ID
ValueToCompare	需要比较的常数值
Operator	需要进行的比较运算，如 GreaterThan、LessThan、Equal、GreaterThanEqual 等
Type	需要进行比较数据的类型，如 String、Double、Integer、Date、Currency（货币数据类型），默认为 String 类型

【例4-2】对输入密码和确认密码文本框进行验证，检测密码输入一致性，如图4-4所示。

图4-4　密码输入一致性验证

操作步骤：

（1）建立一个网站，在Default.aspx设计页面中输入"用户密码"四个字，并将"标准工具箱"中的TextBox文本框拖入其后，并修改其属性ID值为UserPassWord，将其TextMode属性设置为PassWord，然后输入"*"。

（2）在设计页面第二行中输入"确认密码"四个字，并将"标准工具箱"中的TextBox文本框拖入其后，并修改其属性ID值为ConfirmPassWord，将其TextMode属性设置为PassWord然后输入"*"。

（3）展开"验证工具箱"，将CompareValidator验证控件拖入ConfirmPassWord文本框后面，并将ControlToValidate属性值修改为ConfirmPassWord，将ControlToCompare属性值修改为

UserPassWord，将ErrorMessage属性值修改为"密码输入不一致！"，将Type属性值修改为String，将Operator属性值修改为Equal，将ForeColor属性修改为Red。

3．CustomValidator控件

CustomValidator控件又称"用户"控件，主要用于当其他控件无法满足需求时，定义用户自己编写的验证算法，以实现用户想要达到的验证效果。其主要属性如表4-8所示。

表4-8　CustomValidator 控件的主要属性

属　　性	描　　述
ControlToValidate	需要进行验证的控件 ID
Text	当验证失败时，显示的消息
ErrorMessage	当验证失败时，如果设置 Text 属性，将在 ValidationSummary 控件中显示的文本；否则，在验证控件中显示文本
ClientValidationFunction	用户自定义的客户端验证函数 注：脚本必须用浏览器支持运行的语言编写，如 JavaScript，且验证函数必须位于表单中
OnServerValidator	用户自定义的服务器端验证函数 注：OnServerValidator 事件有 source 和 args 两个参数。source 表示对调用此事件的 Custom-Validator 控件的引用；args 代表验证控件的引用。args 有两个属性 Value 和 IsValid，分别表示验证的值和返回的验证结果。args.IsValid 如果为 false，表示验证失败；否则表示验证成功
ValidationExpression	输入需进行验证的正则表达式

【**例4-3**】对输入的铜陵邮政编码文本框进行验证，要求输入的邮政编码为244000。效果如图4-5所示。

图 4-5　邮政编码验证

操作步骤：

（1）建立一个网站，在Default.aspx设计页面中输入"铜陵的邮政编码"，并将"标准工具箱"中的TextBox文本框拖入其后，并修改其属性ID值为txtPostalCode。

（2）展开验证工具箱，将CustomValidator验证控件拖入txtPostalCode文本框后面，并将ControlToValidate属性值修改为txtPostalCode，将ErrorMessage属性值修改为"邮政编码不正确！"，将ForeColor属性修改为Red。

（3）单击CustomValidator验证控件，在属性窗口中单击"事件"按钮，双击Server Validate属性（或双击验证控件）。

（4）在打开的代码页面中的protected void CustomValidator_Server Validate(object source, Server ValidateEventArgs args)事件的大括号中输入如下程序：

```
if(txtPostalCode.Text =="244000")
{
  args.IsValid = true;
}
```

```
else
{
  args.IsValid = false;
}
```

小　结

本单元主要介绍了"职苑物业管理系统"的业主注册页面中业主编号、姓名、身份证号码、联系人、入住日期、电子信箱等输入信息的验证。

具体要求掌握的内容如下：

物业管理系统用户注册数据验证功能的实现。主要包括 RequiredFieldValidator、RegularExpressionValidator 验证控件的属性、作用和使用方法；正则表达式的正确使用。

其他常用验证控件 RangeValidator、CompareValidator、CustomValidator 控件的属性、作用和使用方法。

实　训

实训　用户注册页面的制作。

实训目的：完成用户注册页面的制作，掌握输入控件和验证控件的使用。其效果如图4-6所示。

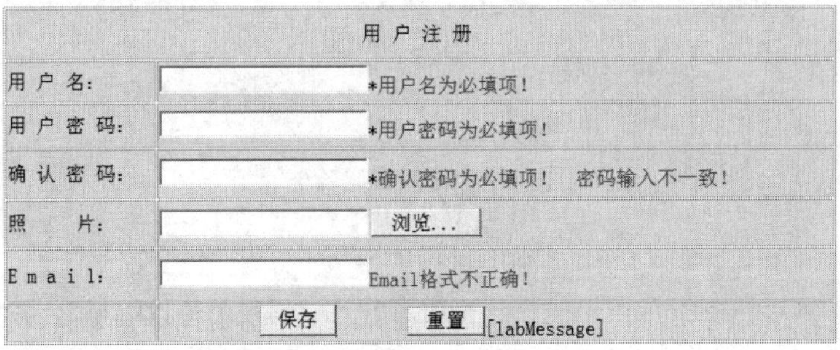

用 户 注 册	
用 户 名：	*用户名为必填项！
用 户 密 码：	*用户密码为必填项！
确 认 密 码：	*确认密码为必填项！　密码输入不一致！
照　　片：	浏览...
E m a i l：	Email格式不正确！
保存　重置[labMessage]	

图 4-6　用户注册页面

提示：

（1）建立一个网站，在页面中，插入一个7行2列的表格。

（2）在表格中插入控件：用户名、E-mail输入控件类型为文本框，用户密码、确认密码输入控件类型为密码框，照片的控件类型为文本上传控件，保存和重置的控件类型为按钮，labMessage的控件类型为标签。

（3）"用户名"文本框后面使用 RequiredFieldValidator 控件验证；"用户密码"文本框后面使用 RequiredFieldValidator 控件验证；"确认密码"文本框后面使用 RequiredFieldValidator 控件和 CompareValidator 控件；"E-mail"文本框后面使用 RegularExpressionValidator 控件，具体属性设置参考本单元中任务的内容。

习　题

一、填空题

1. 要对密码框和确认密码框进行输入一致性的验证，应使用＿＿＿＿＿＿验证控件。

2. 要进行用户输入是否介于两个值之间的验证，应该使用＿＿＿＿＿＿验证控件。

3. ＿＿＿＿＿＿验证控件可以用于使输入控件成为一个必填选项。

4. ControlToValidate 属性主要用于输入要验证控件的＿＿＿＿＿＿。

5. RegularExpressionValidator 控件的＿＿＿＿＿＿属性用于输入验证控件的正则表达式。

二、选择题

1. 以下（　　）属性是验证控件所共有的。

 A. ControlToValidate   B. ValueToCompare

 C. ControlToCompare   D. ValidationExpression

2. 在网页中，若要验证某一控件中数据与某一固定常数进行比较，应设置其验证控件 CompareValidator 中的（　　）属性。

 A. ValueToCompare   B. ControlToValidate

 C. ValidationExpression   D. Error Message

三、判断题

1. CompareValidator 验证控件不仅能进行两个控件数据的验证，也能进行被验证控件与某一固定值的验证。 （　　）

2. ValidationSummary 控件用于汇总显示所有验证失败的错误信息。 （　　）

3. RegularExpressionValidator 控件中正则表达式必须自己进行手写。 （　　）

四、简答题

1. 简单介绍 ASP.NET 中常用的验证控件及其作用。

2. 写出能够验证中国电话号码的正则表达式。

单元5
物业管理系统用户注册——
用户控件

本单元主要内容是物业管理系统的用户登录页面功能实现，此页面主要是通过用户自己定义的用户控件实现用户的登录功能。另外还通过第三方控件实现"职苑物业管理系统"的业主管理页面中入住日期的选择。

学习目标

➢ 掌握 Web 用户控件的制作步骤和使用方法；
➢ 掌握第三方控件的下载、安装和正确使用。

具体任务

➢ 任务1　用户登录功能控件的实现
➢ 任务2　物业管理系统中入住日期功能控件的实现

任务1　用户登录功能控件的实现

任务导入

在"职苑物业管理系统"中，有多处都出现了用户登录界面，为了使网站中风络统一，同时减少编写代码的重复劳动，采用用户控件的方式实现此功能。

知识技能准备

用户控件是用户自己定义的控件和代码的组合。当多个网页中有相同的部分时，可以把这个相同的部分提取出来，做成用户控件。这样可以使网站中的风格统一，减少了编写代码的重复劳动，而且在需要修改时，只需对这个用户控件进行修改，所有使用该控件的部分都会同时发生改变。

用户控件与网页一样，可以选择单文件模式或代码分离模式实现，可以进行单独编译，但不能进行单独运行；其扩展名为.asax，而不是.aspx；也不能包含<HTML>、<BODY>、<FORM>等定义页面属性的标签。

用户控件的制作和使用步骤如下：

（1）新建一个Web用户控件。

（2）在用户控件文件中添加控件和代码。

（3）拖动用户控件文件到网页中。

 视频

本用户控件设计主要实现用户名和用户密码的输入，单击"登录"按钮时，将输入的用户名和密码与某个固定的值比较，如果一致输出"用户名和密码输入正确！"，否则输出"用户名或密码输入不正确！"。其效果如图5-1所示。

图 5-1　用户登录页面

操作步骤：

（1）新建一个网站，右击"解决方案资源管理器"中的根目录，在弹出的快捷菜单中选择"添加"→"添加新项"命令。

（2）在弹出的"添加新项"对话框中选择"Web用户控件"，修改名称为WebUserControl.ascx，单击"添加"按钮，其效果如图5-2所示。

图 5-2　建立 Web 用户控件

（3）在WebUserControl.ascx中，制作如图5-3所示界面。

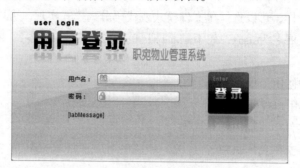

图5-3　用户登录页面制作

（4）其中"用户名"文本框名称为txtUserName，"密码"框名称为txtPassWord，"登录"按钮的名称为btnSubmit，"用户输出消息"的标签控件名称为labMessage。

（5）在WebUserControl.ascx.cs中，在protected void btnSubmit _Click(object sender, EventArgs e)事件的大括号中输入如下程序：

```
if(txtUserName.Text == "admin" & txtPassWord.Text == "admin")
{
  labMessage.Text = "用户名和密码输入正确！";
}
else
{
  labMessage.Text = "用户名或密码输入不正确！";
}
```

（6）保存用户控件所在的文件，在其他网页中（如Default.aspx页面），直接从"解决方案资源管理器"中将该用户控件拖到适合位置。

任务2　物业管理系统中入住日期功能控件的实现

任务导入

在"职苑物业管理系统"的业主注册页面中，入住日期的输入如果用ASP.NET中现有的文本框控件来实现，会出现用户输入不方便，且日期输入格式不正确的情况，所以为了避免出现这种情况，可采用第三方控件的方式实现此功能。

知识技能准备

第三方控件又称"自定义控件"，是指非微软官方发布的控件。在ASP.NET中提供了第三方控件的接口，它可以方便开发者快捷、高效地使用第三方编写的控件，以实现复杂的功能。

使用第三方控件的一般步骤为：

（1）下载第三方控件程序集。

（2）把第三方控件添加到工具箱。

（3）在工具箱中找到第三方控件，并拖动到界面上。

（4）按普通控件的方式编码或使用。

任务实施

"职苑物业管理系统"的用户注册页面中入住日期采用第三方控件的方式，实现用户快捷、高效地选择所需要日期的功能，而不需要用户进行输入。其效果如图5-4所示。

图 5-4　日历控件

选择入住日期的第三方控件的添加方法如下：

（1）从网上下载第三方控件：日历控件，其中包括文件夹JsCalendar和文件DotnetClubPortal.WebControls.dll（此资料可到教材资料库中寻找）。

（2）将该文件或文件夹复制到网站的根目录下。

（3）右击工具箱中插入的位置，在弹出的快捷菜单中选择"选择项"命令，如图5-5所示。

图 5-5　插入第三方控件

（4）在弹出的"选择工具箱项"对话框中选择".NET Framework组件"选项卡，单击右下角的"浏览"按钮，选择根目录下的DotnetClubPortal.WebControls.dll文件，单击"打开"按钮。

（5）在"选择工具箱项"窗口中找到".NET Framework组件"选项卡，选中Calendar组件，如图5-6所示。

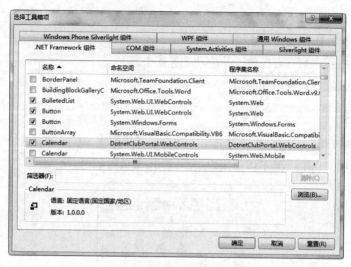

图5-6　选择工具箱选项

（6）单击"确定"按钮，在"标准"工具箱中就会出现Calendar控件。如图5-7所示。

图5-7　工具箱中的日历控件

（7）将该控件拖到"业主管理"页面中入住日期后面，修改该控件的SupportDir属性为："~/Support /JsCalendar"，如图5-8所示。

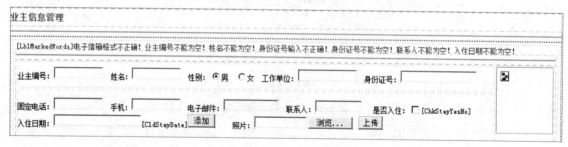

图5-8　入住日期日历控件

小　结

本章主要介绍用户登录功能控件的实现、第三方控件日历控件的使用，具体要求掌握的内容如下。

1. 用户登录功能控件的实现

用户登录控件的添加、制作和使用。

2. 第三方控件日历控件的实现

第三方控件日历控件的下载，添加第二方控件到工具箱，在页面中怎样使用第三方控件。

实　训

实训　铜陵职业技术学院版权声明的用户控件制作。

实训目的：完成铜陵职业技术学院版权声名的用户控件，并将其运用到网页中。其效果如图5-9所示。

学院地址：安徽省铜陵市西湖新区翠湖四路 电话：0562-5813171 本网站要求IE7.0以上版本1024*768以上分辨率才可以正常浏览

铜陵职业技术学院　版权所有

图5-9　学院版权声名用户控件

提示：

（1）在页面中添加 Web 用户控件。

（2）在 Web 用户控件页面中进行表格布局，并添加图5-9中的内容。

（3）在程序代码中，利用标签的属性显示学院地址和"铜陵职业技术学院 版权所有"行。

（4）保存用户控件所在的文件，在其他网页中将该用户控件拖到适合位置。

习　题

一、填空题

1. 用户控件的扩展名为＿＿＿＿＿＿＿。

2. 用户控件和第三方控件，主要为了提高 Web 应用程序的＿＿＿＿＿＿＿。

二、选择题

关于用户控件和第三方控件的区别是（　　　）。

　A. 用户控件只能在当前应用程序中使用，第三方控件可在任何 ASP.NET 应用程序中使用

　B. 用户控件的文件以 .ascx 为扩展名，而第三方控件被编译成 dll 文件

　C. 第三方控件在实现时无可视化界面，用户控件在实现时有可视化界面

三、判断题

1. 用户控件可以保持局部的风格统一。　　　　　　　　　　　　　　　　　　　　（　　　）

2. 用户控件不可以在 ASP.NET 页面中重用。　　　　　　　　　　　　　　　　　（　　　）

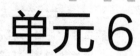

单元 6
物业管理系统用户登录——
ASP.NET 内置对象

本单元主要内容是物业管理系统的用户登录页面中用户名和密码的保存和显示功能的实现，此功能主要是通过 ASP.NET 内置对象中 Response 对象、Request 对象、Cookie 对象来实现。另外，还建立了一简易聊天室，以方便业主、物业管理人员之间进行沟通，涉及 ASP.NET 内置对象中 Server 对象、Application 对象、Session 对象。

学习目标

- ➢ 掌握 Response 对象的功能、常用属性、集合和方法；
- ➢ 掌握 Request 对象的功能、常用集合；
- ➢ 掌握 Cookie 对象的功能、常用属性和方法；
- ➢ 掌握 Server 对象的功能、常用属性、集合和方法；
- ➢ 掌握 Application 对象的功能、常用集合和方法；
- ➢ 掌握 Session 对象的功能、常用方法。

具体任务

- ➢ 任务 1　用户登录页面中用户名和密码的保存和显示
- ➢ 任务 2　简易聊天室

任务1　用户登录页面中用户名和密码的保存和显示

任务导入

单元5中介绍了"职苑物业管理系统"用户登录控件中登录功能的实现，但实际操作时，为了用户能更方便地进行登录，往往希望能够随时存储和删除用户名和密码。为了实现这一功能，用到了ASP.NET中的内置对象。

知识技能准备

ASP.NET提供了许多内置对象，它们是一个个封装的实体，包含了数据和程序代码，可以完成许多的功能。只要了解各个对象的方法、属性和集合，就可以完成特定的功能。下面首先学习实现用户名和密码的保存和显示功能所需的对象。

1. Response对象

Response对象主要用于从服务器向客户端浏览器发送信息。其常用的属性、方法和集合如表6-1所示。

表6-1　Response 对象的常用属性、方法和集合

名　　称	描　　述
Buffer 属性	其值是布尔值，表示是否缓冲输出
Cookies 集合	获取服务器端的 Cookie 集合
Write 方法	向客户端浏览器发送信息
Redirect 方法	从一个页面跳转到另一个页面

2. Request对象

Request对象主要用于从客户端浏览器向服务器端发送信息。其常用的属性、方法和集合如表6-2所示。

表6-2　Request 对象的常用集合

名　　称	描　　述
Form 集合	获取客户端以 Post 方式提交的 Web 表单中输入的数据集合
QueryString 集合	获取标识在 URL 后面所返回的数据的集合
Cookies 集合	获取客户端发送的 Cookie 集合

3. Cooike对象

Cooike对象主要用于将用户的个人信息存储于客户端。它和Session对象非常相似，不同的是Session对象将用户信息保存在服务器上，而Cookie对象将用户信息保存在客户机上。它常被用在"购物车"、判断注册用户是否已经登录的场合。有时也利用其复数形式Cookies，指存储在用户本地终端上数据的集合。Cookie对象分别属于Request对象和Response对象。要保存用户信息，需要通过Response对象的Cookies集合，具体语法如下：

```
Response.Cookies["变量名"].Value=值;
```

要读出用户信息，需要通过Request对象的Cookies集合，具体语法如下：

```
变量名=Request.Cookies["变量名"].Value;
```

其常用的属性、方法和集合如表6-3所示。

表6-3　Response 对象的常用的属性、方法和集合

名　称	描　述
Name 属性	某一 Cookie 变量的名称
Value 属性	某一 Cookie 对象的值
Add 方法	创建新的 Cookie 对象并添加到 Cookies 集合中
Count 属性	获得 Cookies 集合中 Cookie 对象的数量
Expires 属性	设置 Cookie 对象的生命周期，默认值为 1000 min

任务实施

视频

在"职苑物业管理系统"的用户登录页面中，实现用户名和密码的保存和显示功能，按照用户的选择，进行存储（以及存储时间的选择）或删除，并在再次登录时，自动显示用户名和密码。其效果如图6-1所示。

图 6-1　登录页面中用户名和密码的保存和显示

要实现用户名和密码文本框中输入文本的保存，可以采用Cookie对象，把相应的内容保存下来。

程序分两个部分，当单击"登录"按钮时，将用户名和密码框中的数据写入Cookie对象，并保存下来；当页面进行加载时，从Cookie对象中读取数据，并填入相应的文本框中。

操作步骤：

1．制作界面

（1）制作界面，如图6-1所示，在"用户名"后面拖入一个文本框，修改其ID属性为txtUserName；在"密码"后面拖入一个文本框，修改其ID属性为txtPassWord。

（2）在Cookie后面拖入一个DropDownList下拉列表框，修改其ID属性为DropExpiration，单击其旁边的 ▶ 按钮，选择"编辑项"选项，在弹出的"ListItem集合编辑器"对话框中添加如下选项：不保存、保存一天、保存一月、保存一年，并修改其对应的Value为0、1、31、365，如图6-2所示。

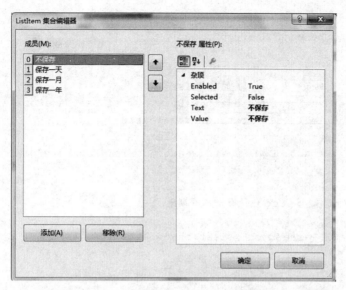

图 6-2 "ListItem 集合编辑器"对话框

2. 程序代码

（1）在代码页中，在 protected void Page_Load(object sender, EventArgs e) 事件的大括号中输入如下程序。

```
HttpCookie UserNameCookie = Request.Cookies["UserNameCookie"];
HttpCookie PassWordCookie = Request.Cookies["PassWordCookie"];
if(UserNameCookie !=null)
{   //当Cookie值存在时，将其值读出，放入文本框中
    txtUserName.Text =UserNameCookie.Value.ToString();
}
if(PassWordCookie != null)
{
    string PWcookie = Request.Cookies["PassWordCookie"].Value.ToString();
    this.txtPassWord.Attributes.Add("value", PWcookie);
}   //密码框必须用此方法才能将数据写入，不能直接用txtPassWord.Text=PWcookie
```

（2）在 protected void btnSubmit_Click(object sender, EventArgs e) 事件的大括号中输入如下程序。

```
if(DropExpiration.SelectedItem.Text == "不保存")
{   //当选择"不保存"时，把所有Cookie的有效日期改为-1，从而清空所有Cookie值
    HttpCookie aCookie;
    string cookieName;
    int cookieNum = Request.Cookies.Count;
    for(int i=0;i<cookieNum;i++)
    {   cookieName = Request.Cookies[i].Name;
        aCookie = new HttpCookie(cookieName);
        aCookie.Expires = DateTime.Now.AddDays(-1);
        Response.Cookies.Add(aCookie);
```

```
    }
    Response.AddHeader("Refresh", "0");
}
else
{ //读出文本框中的值，写入到用户的Cookies集合中
    HttpCookie UserNameCookie = new HttpCookie("UserNameCookie");
    UserNameCookie.Value = txtUserName.Text;
    Response.AppendCookie(UserNameCookie);
    HttpCookie PassWordCookie = new HttpCookie("PassWordCookie");
    PassWordCookie.Value = txtPassWord.Text;
    Response.AppendCookie(PassWordCookie);
    //根据用户的选择，设置Cookie值的保存期限
    int days = 0;
    switch(Int32.Parse(DropExpiration.SelectedItem.Value))
    {
      case 1:
        days = 1;
        break;
      case 31:
        days = 31;
        break;
      case 365:
        days = 365;
        break;
    }
    Response.Cookies["UserNameCookie"].Expires = DateTime.Now.AddDays(days);
    Response.Cookies["PassWordCookie"].Expires = DateTime.Now.AddDays(days);
}
```

任务2　简易聊天室

任务导入

简易聊天室主要是为了方便业主、物业管理人员之间进行沟通，实现用户之间进行聊天的功能。为了实现这一功能用到了ASP.NET中内置对象中的Server对象、Application对象和Session对象。

知识技能准备

1. Server对象

Server对象可以使用服务器上的一些高级功能。其常用方法如表6-4所示。

表 6-4　Server 对象的常用方法

名　称	描　述
HtmlEncode 方法	对 html 标记字符串进行编码,使标记以字符串形式输出
HtmlDecode 方法	对编码后的标记进行解码,使标记还原为 html 标记
UrlEncode 方法	对网页传输过程中不能出现的一些特殊字符进行编码,以保证信息的顺利传递
UrlDecode 方法	将 UrlEncode 方法编码的字符进行还原
MapPath 方法	获取 URL 相对路径或虚拟路径映射到服务器上的物理路径

2. Application对象

Application对象主要用于存储所有用户共享的信息。所有用户都可以访问或修改共享的信息。这个共享信息即是一个公用变量,所以有它的生命周期,开始于网站运行开始时,于网站停止时结束生命周期。

由于多个用户可以同时访问该变量,为了保证资源的同步,需要对该变量进行加锁Lock和解锁Unlock操作。Application对象没有内置属性,其常用的方法和集合如表6-5所示。

表 6-5　Application 对象的常用方法和集合

名　称	描　述
Contents 集合	是 Application 对象默认的集合,书写时往往可以省略。 例如,Appplication.Contents["UserNumber"] 可以写成 Appplication["UserNumber"],又称 Application 级变量。Application 级变量无须定义,可以直接使用,且初次使用时其值为空
Lock 方法	可以对 Application 的共享变量进行锁定,某一时刻,只允许"抢"到这把"锁"的用户修改该共享变量
UnLock 方法	对 Application 的共享变量进行解锁,以允许下一个用户对 Application 的共享变量进行修改

3. Session对象

Session对象主要用于存储用户的会话信息。什么是会话?当浏览器向服务器发出页面请求,服务器响应客户端浏览器的请求并建立连接,这就是会话的开始。当服务器与客户端浏览器断开连接或重新刷新页面时,会话结束,这就是一个会话。所以当不同的用户访问Session对象时,应用程序都会为每个用户分配一个Session对象,即不同用户拥有不同的Session对象;另外Session对象可以在会话期间内被网站中的任一个页面随时进行访问,而无须进行页面间的数据传递。其常用的属性、方法和集合如表6-6所示。

表 6-6　Session 对象的常用的属性、方法和集合

名　称	描　述
SessionID 属性	获取会话的唯一标识,每个会话都会有不同的会话 ID 号
TimeOut 属性	设置 Session 对象的生命周期,默认时间为 20 min。
Contents 集合	保存会话过程中的信息,是 Session 对象的默认集合,故常常省略不写。例如:Session.Contents["UserName"] 可以写成 Session["UserName"],又称 Session 级变量。Session 级变量无须定义,可以直接使用,且初次使用时其值为空
Abandon 方法	强制结束当前会话

实现一个简易聊天室，要求有登录页面，用户登录后，显示大家的聊天内容和进行发言的文本框，其聊天内容会随时更新。其效果如图6-3和图6-4所示。

图 6-3　进入聊天室页面

图 6-4　聊天页面

1．任务分析

（1）为了实现用户名从登录页面传递给聊天室的页面，采用Session变量进行用户名的传递。因为Session变量会根据不同的用户，产生不同的Session变量，而且传递过程也比较方便。

（2）为了让大家都能看到聊天内容，使用Application变量实现聊天内容的共享。

（3）为了实现实时地看到别人的聊天内容，采用框架结构的方式，进行聊天内容和发言内容的显示。在聊天内容所在的框架中进行实时刷新，而发言文件所在的框架将不受影响。

（4）为了实现用户的不重名，采用输入的用户名和用户端IP地址共同表示用户名。

2．任务实现

（1）制作登录页（01EnterChatRoom.aspx），如图6-3所示。

① 输入"用户名"三个字，并在其后拖入文本框TextBox，修改其ID属性为txtUserName。

② 在第二行拖入Button按钮，修改其ID属性为ChatRoom，双击该按钮，进入代码页面01EnterChatRoom.aspx.cs，在protected void ChatRoom_Click(object sender, EventArgs e)事件的大括号中输入如下代码。

```
Session["userName"] = txtUserName.Text;
Response.Redirect("02ChatRoom.aspx");
```

（2）制作聊天和发言框架页面（02ChatRoom.aspx）。用如下框架代码，取代<body></body>的内容。

```
<frameset rows="60,*">
<frame name="Speak" src="03Speak.aspx">
<frame name="ChatContent" src="04ChatContent.aspx">
```

```
</frameset>
<noframes></noframes>
```

（3）制作发言页面（03Speak.aspx），其效果如图6-5所示。

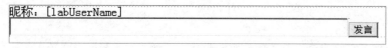

图 6-5　发言页面制作

① 输入"昵称"两个字，并在其后拖入一个Label标签，修改其ID属性为labUserName，清除其Text属性。

② 拖入TextBox文本框，修改其ID属性为txtWord。

③ 拖入Button按钮，修改其ID属性为btnSubmit，双击该按钮，进入代码页面03Speak.aspx.cs，在protected void btnSubmit_Click(object sender, EventArgs e)事件的大括号中输入如下程序。

```
Application.Lock();
Application["ChatContent"] = Application["ChatContent"].ToString() +
Session["userName"] + Request.UserHostAddress.ToString() + "说: " + txtWord.
Text + "<br>";
Application.UnLock();
txtWord.Text = "";
```

④ 在protected void Page_Load(object sender, EventArgs e)事件的大括号中输入如下代码。

```
labUserName.Text = Session["userName"].ToString();
```

（4）制作聊天内容显示页面（04ChatContent.aspx），其效果如图6-6所示。

> 欢迎来到职苑聊天室！
> 小果::1说：大家好!我是小果,请多多关照!
> 小蓝::1说：你好!小果,我是小蓝!
> 小果::1说：希望我们聊得开心!

图 6-6　聊天内容显示效果

① 在源视图中的<head></head>间加入如下代码：

```
<meta http-equiv ="refresh" content ="1" />
```

② 双击页面视图空白处，进入代码页面04ChatContent.aspx.cs，在protected void Page_Load(object sender, EventArgs e)事件的大括号内输入如下程序。

```
if (Application["ChatContent"] == null)
{
    Application["ChatContent"] = "欢迎来到职苑聊天室! <br>";
}
else
{
```

```
Response.Write(Application["ChatContent"]);
}
```

小　结

本章主要介绍了用户登录、简易聊天室的制作。具体要求掌握的内容如下。

1. 用户登录

利用 Response 对象、Request 对象进行 Cookie 对象中变量的写入和读取。

2. 简易聊天室

Session 级变量使用、Response 对象的 Write 方法、Application 对象的 lock 和 unlock 方法以及 Application 级变量的使用。

实　训

实训　完成用户"注册表单"数据的发送和接收。

实训目的：完成用户注册表单数据的发送和接收，并在网页中显示出来。其效果如图 6-7 和图 6-8 所示。

用户注册	
用户名	
密码	
性别	◉ 男 ○ 女
兴趣	☐ 运动 ☐ 逛街 ☐ 听音乐
	提交

图 6-7　"注册表单"显示效果

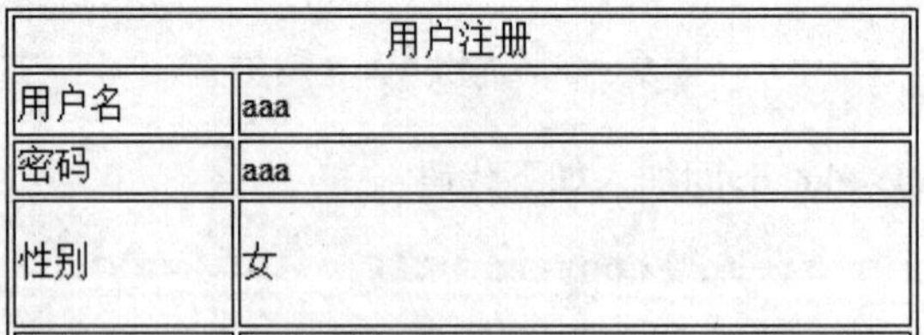

用户注册	
用户名	aaa
密码	aaa
性别	女
兴趣	逛街,听音乐

图 6-8　"接收表单"显示效果

提示：

（1）新建一个网站，添加"HTML 页"。

（2）在 HTML 页中，插入一个表单，在表格中插入图 6-7 所示的相应控件。

（3）在接收页面中插入表格，如图 6-8 所示。分别在"用户名""密码""性别""兴趣"右边的单元格中插入四个 Label 控件。

（4）在接收代码页中，输入如下程序。

```
labUser.Text = Request.Form["userName"].ToString();
labPassWord.Text = Request.Form["passWord"].ToString();
labSex.Text = Request.Form["sex"].ToString();
labInterest.Text = Request.Form["interest"].ToString();
```

（5）保存各页面，并浏览。

习　题

一、填空题

1. ASP.NET 常用的内置对象有 Application、＿＿＿＿＿＿、＿＿＿＿＿＿、＿＿＿＿＿＿、
＿＿＿＿＿＿等。

2. 用于存储用户会话信息的对象是＿＿＿＿＿＿。

3. 向客户端输出信息的对象是＿＿＿＿＿＿。

二、选择题

1. Session 对象的生命周期默认是（　　　）min。

    A. 5　　　　　　　　B. 10　　　　　　　C. 15　　　　　　　D. 20

2. Response 对象主要的功能是（　　　）。

    A. 存储所有用户的共享信息　　　　　B. 存储用户的会话信息

    C. 向客户端输出信息　　　　　　　　D. 获取客户端信息

3. 可以获得客户端 IP 地址的是（　　　）。

    A. Request.UserHostName　　　　　　B. Request.UserHostAddress

    C. Request.UserAgent　　　　　　　　D. Request.ApplicationPath

4. Session 和 Cookie 之间的最大区别是（　　　）。

    A. 类型不同　　　B. 存储位置不同　　C. 生命周期不同　　D. 功能不同

三、判断题

1. 在整个程序运行过程中，Session 对象的值不会消失。　　　　　　　　　（　　　）

2. 在对 Appication 对象的变量进行修改时，不需要附加任何条件，都可以正常运行。（　　　）

四、简答题

1. 简述 ASP.NET 中常用对象的主要功能。（至少说出三种）

2. 简述 Cookie 对象的主要功能，以及它与 Session 对象的不同和相同之处。

ASP.NET 应用程序配置文件

本单元主要实现物业管理系统项目 Web.config 的文件配置，涉及 .NET Framework 技术架构、XML、Web.config 配置等知识，为下一步系统开发奠定基础。

学习目标

- 了解 XML 文件的特点；
- 掌握 XML 文档结构；
- 掌握 XML 文件的创建；
- 理解 Web.config 文件的作用；
- 掌握 Web.config 文件常用代码编写。

具体任务

- 任务 1　住户通信录（XML 版）
- 任务 2　配置物业管理系统 Web.config 文件

任务1　住户通信录（XML版）

任务导入

在计算机中有效地存储数据，除了使用数据库外，也可以使用XML文件，XML文件可以很好地描述和存储数据。本任务设计和实现一个存储住户通信录数据的XML文件，并在浏览器中进行浏览。

知识技能准备

一、XML 概述

XML（Extensible Markup Language，可扩展标识语言）是由XML工作组开发，互联网联合组织（W3C）于1998年2月发布的标准。XML是标准通用置标语言SGML（Standard General Markup Language）的优化子集。XML结合SGML的丰富功能与HTML的易用性，并将其纳入Web应用中，它以自我描述方式定义数据结构，它不仅描述数据内容同时描述结构，真正达到对数据间关系的定义与描述。它所组织的数据对应用程序和用户是友好的和可操作的。

XML技术的重要特点之一是将内容与显示格式独立分开，以便让用户按照自己的个性格式要求将同一XML文档数据内容按不同格式显示。XML完全结构化，面向数据，数据模式严格，只关心数据的描述，没有HTML中不易用于数据表示的标记，以上几个特点使得XML成为计算机系统中传输、处理、交换数据的标准格式。

二、XML 文档结构

XML文档由标记和文本数据组成，XML文档的基本结构包含序言部分和一个根元素。符合XML语法规则的XML文档称为结构良好的文档（Well-Formed Document）。下面是一个XML文档示例：

```
<?xml version="1.0" encoding="UTF-8"?>
<note>
<to>Rose</to>
<from>Jack</from>
<heading>Reminder</heading>
<body>Don't forget me this weekend!</body>
</note>
```

1. 文档头部

一个XML文档一般以一个XML声明开始，但不是必需的，XML声明是以<?XML>开始的。如果XML文档有声明，则必须将其放在文档最开始的位置。

XML声明是处理器指令的一种，用于设置version、standalone和encoding属性值。上例中的XML声明为<?xml version="1.0" encoding="UTF-8"?>，意味着该文档用XML 1.0标准来检查，且该文件使用UTF-8字符集。

2. 文档实体

文档实体是XML文件的主体部分，主要用来存储数据，上例中<note>…</note>就是文档实体。文档实体由根元素、元素、属性组成。每个XML文件都包含一个根元素，其包含了所有其他子元素。

XML元素由3部分组成，包括起始标签、内容和结束标签，需要注意的是，起始标签与结束标签必须完全对应，同时要保证元素与元素间不能交叠。属性依附于元素而存在，任何一个元素都可以具有或不具有属性，但如果有属性必须有属性值，若元素包含多个属性，则属性间用空格分隔，同时属性值需要使用引号引起来。

3. 树状结构

每个XML文档都是按照层次关系组织起来的结构，其中的数据可能会作为元素或属性出现在

XML文档中，这就构成一个树状结构。

注意：

（1）XML 声明须以小写 XML 声明，且在第一行，同时设置 Version 属性。

（2）起始标记和结束标记要求相互匹配，结束标记不可少。

（3）有且仅有一个根元素，由根标记派生所有其他子标记，在一个文档中不能存在多个根标记。

（4）XML 对字母的大小写敏感，大小写应一致。

（5）属性必须用引号包含。

（6）所有标记必须以嵌套式（树状）排列，且嵌套必须正确，嵌套元素应按正确的顺序开始和结束。

（7）元素的属性是不允许重复的。

4．XML文档注释

在XML文档中编写注释的语法与 HTML 的语法相似，XML中的注释如下：

```
<!--this is comment-->
```

注意：

（1）注释中不要出现"—"或"-"。

（2）注释不要放在标记中。

（3）注释不能嵌套。

1．创建XML文档

启动Visual Studio 2015应用程序之后，选择"文件"→"新建"→"文件"命令，弹出"新建文件"对话框，选择"XML文件"选项，单击"打开"按钮，如图7-1所示。

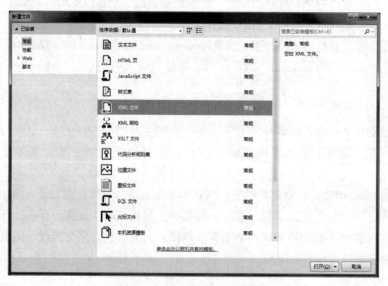

图7-1　"新建文件"对话框

2. 编写XML文档

住户通信录主要保存物业管理系统住户的相关信息。每个住户的通信信息包括很多方面，这里主要确定为包含姓名、性别、出生年月、联系电话、联系地址、邮编等，编写代码如下：

```xml
<?xml version="1.0" encoding="utf-8"?>
<住户通信录>
    <住户信息 住户编号="h00001">
        <姓名>张三</姓名>
        <性别>男</性别>
        <出生年月>1980-11-01</出生年月>
        <联系电话>15088886666</联系电话>
        <联系地址>铜陵市铜官区</联系地址>
        <邮编>244000</邮编>
    </住户信息>
    <住户信息 住户编号="h00002">
        <姓名>李四</姓名>
        <性别>女</性别>
        <出生年月>1983-04-10</出生年月>
        <联系电话>15733334444</联系电话>
        <联系地址>铜陵市铜官区</联系地址>
        <邮编>244000</邮编>
    </住户信息>
</住户通信录>
```

3. 保存XML文档

第一次新建XML文档，默认的名称是XMLFile1.xml，选择"文件"→"保存XMLFile1.xml"命令，弹出"另存文件为"对话框，在"文件名"文本框中输入"住户通信录"，单击"保存"按钮，完成保存，如图7-2所示。

图 7-2 "另存文件为"对话框

在浏览器中运行的"住户通信录.xml"的结果如图7-3所示。

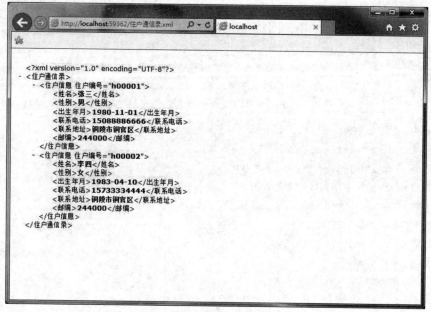

图 7-3　在浏览器中显示"住户通信录 .xml"的结果

任务2　配置物业管理系统Web.config文件

任务导入

职苑物业管理系统由各个功能不同的模块组成，各模块之间可能有共享的数据信息，比如用户管理模块和房屋管理模块都需要连接数据库，如果两个模块各自连接数据库，显然效率低下，也不利于以后系统的更新和维护。

在ASP.NET应用程序中，可以通过Web.config文件配置全局信息。本任务主要通过配置职苑物业管理系统连接数据库全局字符串讲解Web.config的使用方法。

知识技能准备

一、基本 Web.config 文件

当创建一个ASP.NET项目时，默认情况下会在根目录下自动创建一个默认的Web.config文件，包括默认的配置设置，所有子目录都继承其配置设置。如果要修改子目录的配置设置，可以在该子目录下新建一个Web.config文件。它可以提供除从父目录继承的配置信息以外的配置信息，也可以重写或修改父目录中定义的设置。Web.config文件是XML格式定义的纯文本文件，必须严格遵守XML格式，内容的书写区分大小写。

配置被包含在Web.config文件的<configuration>和</configuration>标记之间。标记间的配置信息

分为两个主区域：配置节声明区域和配置节设置区域。

　　配置节声明出现在配置文件顶部<configSections>和</configSections>标记之间，配置节声明使用<section>节。配置节支持嵌套，外层的配置节使用<sectionGroup>，内层的使用<section>，所有配置节都必须遵守先声明后使用的原则，不然编译程序时会报错。

　　Web.config中默认生成的配置节没有声明就直接使用（如<connectionStrings>和<appSettings>），这是因为这些节的声明是在Windows\Microsoft.NET\Framework\versionNumber\CONFIG\Machine.config中完成的，Machine.config 文件用于服务器级的配置设置，Web.config文件继承 Machine.config 文件中的所有设置。

　　appSettings：<appSettings>节点主要用来存储ASP.NET应用程序的配置信息，例如网站上传文件的类型：

```
<appSettings>
 <!--允许上传的格式类型-->
 <add key="ImageType" value=".jpg;.bmp;.gif;.png;.jpeg"/>
 <!--允许上传的文件类型-->
 <add key="FileType" value=".jpg;.bmp;.gif;.png;.jpeg;.pdf;.zip;.rar;.xls;.doc"/>
</appSettings>
```

　　对于<appSettings>节点中的值可以按照key进行访问，以下就是一个读取key值为FileType节点值的例子：

```
string fileType=ConfigurationManager.AppSettings["FileType"];
```

　　configSections：<configSections>节点主要为ASP.NET应用程序和功能指定数据库连接字符串（名称/值对的形式）的集合。指定配置节和命名空间声明，包含自定义应用程序设置，如文件路径、XML Web services URL或存储在应用程序的.ini文件中的任何信息。

　　connectionStrings：<connectionStrings>节点主要用于配置数据库连接，可在<connectionStrings>节点中增加任意个节点来保存数据库连接字符串，将来在代码中通过代码的方式动态获取节点的值来实例化数据库连接对象，这样一旦部署时数据库连接信息发生变化，用户仅需要更改此处的配置即可，而不必因为数据库连接信息的变化而改动程序代码和重新部署。数据库连接示例如下：

```
<connectionStrings>
  <add name="EstateManageConnectionString" connectionString="Data
Source=192.168.3.115;Initial Catalog=EstateManage;Persist Security Info=True;User
ID=sa;Password=zywygl123" providerName="System.Data.SqlClient" />
  </connectionStrings>
```

　　system.web：<system.web>节点主要是网站运行时的一些配置，用以控制ASP.NET运行时的行为。

　　Compilation：<Compilation>节点主要是配置ASP.NET使用的所有编译设置。默认debug属性为true，设置compilation debug="true"即允许调试。将调试符号插入已编译的页面中。但由于这会影响性能，因此只在开发过程中将此值设置为true，在程序编译完成交付使用之后应将其设为False。设置默认的开发语言为C#。

httpModules:< httpModules>节点主要是在一个应用程序内配置HTTP 模块。配置ASP.NET HTTP 运行库设置。该节可以在计算机、站点、应用程序和子目录级别声明。

httpHandlers用于根据用户请求的URL和HTTP谓词将用户的请求交给相应的处理程序。可以在配置级别的任何层次配置此节点，也就是说可以针对某个特定目录下指定的特殊文件进行特殊处理。

pages：标识特定于页的配置设置（如是否启用会话状态、视图状态，是否检测用户的输入等）。<pages>可以在计算机、站点、应用程序和子目录级别声明。

<namespaces>: <!--将在程序集预编译期间使用的导入指令的集合-->

在ASP.NET项目中存在一些公共的类库，如项目基础类库、逻辑层类库、模型层类库等，这些类库通常所有或者大部分页面都需要用到，可以通过配置web.config的方式，实现每个页面都引入对应类库的命名空间，从而不需要在每个页面都用using指令引入类库的命名空间。实现方法如下：

在web.config配置文件的<system.web>节点中添加如下代码，其中add namespace节点根据自行需要进行配置：

<system.codedom>: <!-- 告诉.NET Framework 该用哪个版本的编译器来编译代码 -->

这个标签有个至关重要的作用，那就是告诉.NET Framework 该用哪个版本的编译器来编译代码。

其中子标签：

```
<compiler language="c#;cs;csharp" extension=".cs" type="Microsoft.CSharp.
CSharpCodeProvider,System, Version=2.0.0.0, Culture=neutral, PublicKeyToken
=b77a5c561934e089" warningLevel="4"> <providerOption name="CompilerVersion"
value="v3.5"/> <providerOption name="WarnAsError" value="false"/></compiler>
```

是设置C#语言该用什么版本的编译器来编译，可以看到里面的属性name="CompilerVersion"和value="v3.5"指定了编译器版本是3.5（如果将此处改为2.0，在代码中使用简化属性时会报错）。

<compilers>: compilers 元素指定 ASP.NET 应用程序支持的编译器。

在 .NET Framework 2.0 版中，此元素已被否决，而改为使用 system.codeDom 节的 compilers 元素。但是，使用 compilation 元素的 compilers 子元素仍然有效，并且将重写位于 system.codedom 节中的 compilers 元素。

system.codeDom 节中定义了一个默认 compilers 元素。Machine.configuration 文件或根 Web.config 文件中未显式配置 compilers 元素。但是，它是应用程序返回的默认配置。

compilers 元素指定ASP.NET应用程序支持的编译器。

<system.webServer>: <!--该节替换在 httpHandlers 和 httpModules 节中添加的与AJAX 相关的HTTP处理程序和模块。该节使 IIS 7.0 在集成模式下运行时可使用这些处理程序和模块。在IIS 7.0 下运行 ASP.NET AJAX 需要 system.webServer 节。对早期版本的 IIS 来说则不需要此节。-->

二、Web.config 文件搜索过程

ASP.NET 配置系统在运行时对 Web.config 文件的修改不需要重启服务就可以生效（注：<processModel> 节例外）。当然 Web.config 文件是可以扩展的。可以自定义新配置参数并编写配置节处理程序以对它们进行处理。

ASP.NET 网站 IIS 启动时会加载配置文件中的配置信息，然后缓存这些信息，这样就不必每次去读取配置信息。在运行过程中 ASP.NET 应用程序会监视配置文件的变化情况，一旦编辑了这些配置信息，就会重新读取这些配置信息并缓存。

当要读取某个节点或者节点组信息时，是按照如下方式搜索的：

（1）如果在当前页面所在目录下存在 web.config 文件，查看是否存在所要查找的节点名称，如果存在返回结果并停止查找。

（2）如果当前页面所在目录下不存在 web.config 文件或者 web.config 文件中不存在该节点名，则查找它的上级目录，直到网站的根目录。

（3）如果网站根目录下不存在 web.config 文件或者 web.config 文件中不存在该节点名则在 %windir%/Microsoft.NET/Framework/v2.0.50727/CONFIG/web.config 文件中查找。

（4）如果在 %windir%/Microsoft.NET/Framework/v2.0.50727/CONFIG/web.config 文件中不存在相应节点，则在 %windir%/Microsoft.NET/Framework/v2.0.50727/CONFIG/machine.config 文件中查找。

（5）如果仍然没有找到则返回 null。

任务实施

1. 职苑物业管理系统的 Web.config 配置文件

下面为职苑物业管理系统的 Web.Config 配置文件，现在对其分别进行解读。

```xml
<?xml version="1.0" encoding="utf-8"?>
<!--
配置 ASP.NET 应用程序的详细信息可访问http://go.microsoft.com/fwlink/?LinkId=169433
-->
<configuration>
  <appSettings>
    <!--
    解决验证控件使用异常提示
    -->
    <add key="ValidationSettings:UnobtrusiveValidationMode" value="None" />
    <!--
      定义了一个连接字符串常量，并且在实际应用时可以修改连接字符串
    -->
    <add key="EstateManageConnectionString" value="Provider=SQLOLEDB;data
source=192.168.3.115;User ID=sa;Password=zywygl123;Initial Catalog=EstateManage;"/>
  </appSettings>
  <connectionStrings>
    <!--
```

```
     定义了一个连接字符串常量，并且在实际应用时可以修改连接字符串
     -->
     <add name="EstateManageConnectionString" connectionString="Data
Source=192.168.3.115;Initial Catalog=EstateManage;Persist Security Info=True;
User ID=sa;Password=zywygl123" providerName="System.Data.SqlClient" />
     </connectionStrings>
     <!--控制ASP.NET运行时的行为--><system.web>
     <!--配置 ASP.NET 使用的所有编译设置。默认debug属性为True。在程序编译完成交付使用之
后应将其设为False-->
     <compilation debug="true" targetFramework="4.5.2"/>
     <httpRuntime targetFramework="4.5.2"/>
     <!-- 配置ASP.NET HTTP运行库设置。该节可以在计算机、站点、应用程序和子目录级别声明 -->
     <httpModules>
       <add name="ApplicationInsightsWebTracking" type="Microsoft.ApplicationInsights.
Web.ApplicationInsightsHttpModule, Microsoft.AI.Web"/>
     </httpModules>
     <!--标识特定于页的配置设置-->
     <pages>
     <!--将在程序集预编译期间使用的导入指令的集合-->
     <namespaces>
       <clear/>
       <add namespace="System"/>
       <add namespace="System.Collections"/>
       <add namespace="System.Collections.Generic"/>
       <add namespace="System.Collections.Specialized"/>
       <add namespace="System.Configuration"/>
       <add namespace="System.Text"/>
       <add namespace="System.Text.RegularExpressions"/>
       <add namespace="System.Web"/>
       <add namespace="System.Web.Caching"/>
       <add namespace="System.Web.SessionState"/>
       <add namespace="System.Web.Security"/>
       <add namespace="System.Web.Profile"/>
       <add namespace="System.Web.UI"/>
       <add namespace="System.Web.UI.WebControls"/>
       <add namespace="System.Web.UI.WebControls.WebParts"/>
       <add namespace="System.Web.UI.HtmlControls"/>
       <add namespace="System.Data"/>
       <add namespace="System.Data.OleDb"/>
       <add namespace="System.Data.SqlClient"/>
     </namespaces>
     </pages>
     </system.web>
     <!--告诉.Net Framework该用哪个版本的编译器来编译代码-->
     <system.codedom>
     <compilers>
```

```
        <compiler language="c#;cs;csharp" extension=".cs" type="Microsoft.CodeDom.
roviders. DotNetCompilerPlatform.CSharpCodeProvider, Microsoft.CodeDom.
Providers.DotNetCompilerPlatform, Version=1.0.0.0, Culture=neutral, PublicKe
yToken=31bf3856ad364e35" warningLevel="4" compilerOptions="/langversion:6 /
nowarn:1659;1699;1701"/>
        <compiler language="vb;vbs;visualbasic;vbscript" extension=".vb" type=
"Microsoft.CodeDom.Providers.DotNetCompilerPlatform.VBCodeProvider, Microsoft.
CodeDom.Providers.DotNetCompilerPlatform, Version=1.0.0.0, Culture=neutral, Pub
licKeyToken=31bf3856ad364e35" warningLevel="4" compilerOptions="/langversion:14
/nowarn:41008 /define:_MYTYPE=\&quot;Web\&quot; /optionInfer+"/>
      </compilers>
    </system.codedom>
    <!--该节替换在httpHandlers和httpModules节中添加的与AJAX相关的HTTP处理程序和模块。
该节使IIS 7.0在集成模式下运行时可使用这些处理程序和模块。在IIS 7.0下运行ASP.NET AJAX 需要
system.webServer 节。对早期版本的 IIS 来说则不需要此节。 -->
    <system.webServer>
    <validation validateIntegratedModeConfiguration="false"/>
    <modules>
      <remove name="ApplicationInsightsWebTracking"/>
      <add name="ApplicationInsightsWebTracking" type="Microsoft.ApplicationInsights.
Web.ApplicationInsightsHttpModule, Microsoft.AI.Web"
          preCondition="managedHandler"/>
    </modules>
    </system.webServer>
  </configuration>
```

2．配置数据库连接字符串

```
<connectionStrings>
    <!--定义了一个连接字符串常量，并且在实际应用时可以修改连接字符串-->
    <add name="EstateManageConnectionString" connectionString="Data
Source=192.168.3.115;Initial Catalog=EstateManage;Persist Security Info=True;
User ID=sa;Password=zywygl123" providerName="System.Data.SqlClient" />
    </connectionStrings>
```

小　结

　　本章主要对职苑物业管理系统项目的配置文件进行讲解，主要介绍 Web.config 配置文件，主要涉及 Web.config 基于的 XML 文档结构、配置文件常用配置节声明和配置节设置、职苑物业管理系统项目的配置文件 Web.config。

实　训

　　实训 1　编写一个介绍物业管理项目介绍的 XML 文档，其中含有名称、楼盘介绍、小区面积、小区楼盘类型等。

实训 2　编写一个物业管理系统配置文件，实现数据库访问，要求名称为 admin，密码为 xqwy123。

习　题

一、选择题

1. 一个应用程序中一般有（　　）个 Web.config 文件有效。

    A. 1　　　　　　　　B. 2　　　　　　　　C. 无限制　　　　　　D. 以上都不对

2. XML 文档中字符的大小写（　　）敏感的。大小写（　　）一致。

    A. 不是，无须　　　B. 是，应该　　　　C. 不是，应该　　　D. 是，不一定

3. XML 声明须以（　　）写 XML 声明，且在（　　）行同时设置 Version 属性。

    A. 大，第一　　　　B. 小，前三　　　　C. 小，第一　　　　D. 小，任意

4. XML 文档中，元素的属性（　　）重复。

    A. 可以　　　　　　B. 不允许　　　　　C. 任意　　　　　　D. 没限制

5. 创建一个 ASP.NET 项目时，默认情况下会在根目录自动创建一个默认的 Web.config 文件，所有子目录都（　　）继承它的配置设置。

    A. 可以　　　　　　B. 不允许　　　　　C. 不必　　　　　　D. 没限制

二、简答题

1. 简述文件 Web.Config 的主要特点和用途。

2. 如何使用 Web.Config 文件保存数据库字符串？这样做有什么好处？

单元 8
数据库连接与数据控件

大多数 Web 应用程序都需要访问后台的数据库系统。在 ASP.NET 中，提供了两种编程模式访问数据：ADO.NET 编码模式和声明性数据绑定模式。

基于 ADO.NET 编码模式提供了最大限度的灵活性，可以实现功能强大的各种复杂数据库应用逻辑，本书后续章节将阐述这方面内容。

基于声明性数据绑定模式，不需要代码或使用少量代码，就可以实现常用的数据库应用页面。本章将阐述这方面内容。

学习目标

➤ 了解数据源控件种类；
➤ 了解常用数据绑定服务器控件；
➤ 掌握数据源控件的使用；
➤ 掌握常用数据绑定服务器控件的使用技巧；
➤ 掌握数据显示控件的使用及不同类型显示控件的区别。

具体任务

➤ 任务1　物业管理系统房屋信息功能实现
➤ 任务2　物业管理系统小区概况功能实现

任务1　物业管理系统房屋信息功能实现

任务导入

多数Web应用系统都要将大量数据通过Web页面输入到系统中，有时候有些数据在数据库中已存在，不希望用户再输入，希望用户通过鼠标选择其中一项或多项即可，这种操作在数据录入界面中经常用到。下面以物业管理系统中房屋信息功能的实现为例学习数据库连接与数据控件。

知识技能准备

一、数据绑定的基本概念

所谓数据绑定，就是从一个固定的数据源检索数据，并将它们与服务器控件上的属性动态关联的过程。例如，使用数据库控件查询本地SQL Server数据库EstateManage的HouseType表，并将结果数据绑定到Web页面中的DropDownList服务器控件。

1. 数据源

在ASP.NET中，任何一个提供了IEnumerable接口的对象都是有效的可绑定的数据源。常用的数据源包括以下几类。

➢ 数据源控件：包括SqlDataSource、AccessDataSource、XMLDataSource、SiteMapDataSource、ObjectDataSource。

➢ ADO.NET容器类：包括DataSet、DataReader、DataTable和DataView等。

➢ 其他基于集合的类：包括数组。

2. 数据绑定服务器控件

所谓数据绑定服务器控件，就是为数据绑定而专门设计的控件。数据绑定服务器控件一般具备用于数据绑定的下列属性。

➢ DataSourse：该属性用于通过"数据环境"创建数据绑定控件。"数据环境"保存着数据集合（数据源），而数据集合包含将被表示为 Recordset 对象的已命名对象（数据成员）。DataMember 和 DataSource 属性必须连同使用。

➢ DataSourseID：指定数据绑定控件所使用的数据源服务器控件的ID。此属性是ASP.NET数据绑定控件和数据源控件系列之间的联系点。

➢ DataMember：指定要从 DataSource 属性所引用的对象中检索的数据成员的名称。该属性用于通过"数据环境"创建数据绑定控件。"数据环境"保存着数据集合（数据源），而数据集合包含将被表示为 Recordset 对象的已命名对象（数据成员）。

➢ DataTextField：指定要与控件中每项的Text属性所关联的字段名称。

➢ DataValueField：指定要与控件中每项的Value属性所关联的字段名称。

➢ Appenddatabounditems：指示数据绑定的数据项目是添加到控件的现有内容之后，还是覆盖现有内容。

➢ DataKeyField：指定由 DataSource 属性指示的数据源中的键字段。指定的字段用于填充DataKeys 集合。

常用的数据绑定控件包括以下两种：

➢ 简单列表控件：支持同时显示很多数据项，特别是数据源的内容。列表控件包括：DropDownList、CheckBoxList、RadioButtonList以及ListBox。

➢ 复杂数据控件：支持复杂数据呈现和操作的服务器控件，包括GridView、DetailsView、DataList、FormView、Repeater和ListView。

二、数据源控件

1．数据源控件概述

数据源控件没有呈现形式，是VisualStudio2005以后版本中引入的一种新型服务器控件，它们是数据绑定体系结构的一个关键部分，能够通过数据绑定控件提供声明性编程模型和自动数据绑定行为。

简而言之，数据源控件概括了　个数据存储和可以针对所包含的数据执行的一些操作。DataBound控件通过其DataSourceID属性与一个数据源控件相关联。大多数传统的数据存储要么是表格格式，要么是分层的，数据源控件也相应地分为两类。

数据源控件自身并不能发挥多大作用；所有逻辑都封装在DataSourceView派生的类中。至少有一个DataSourceView必须实现检索（即SELECT）一个表或一个视图的功能。它可以提供修改数据（即INSERT、UPDATE和DELETE）的功能（可选）。数据源控件本身只是一个或多个唯一命名视图的容器。依据惯例，默认视图可以按其名称进行访问，也可以为空。不同视图之间是否存在关系或者存在怎样的关系可以根据每个数据源控件的实现情况进行适当定义。例如，某个数据源控件可能会通过不同的视图对同一个数据提供不同的经筛选的视图，或者可能会在辅助视图中提供一个表或视图的子查询。可使用数据绑定控件的DataMember属性选择某个特殊的视图（如果该数据源控件提供了多个视图）。

2．ASP.NET提供的数据源控件

ASP.NET提供的数据源服务器控件包括SqlDataSource、AccessDateSource、XmlDataSource、ObjectDataSource、SiteMapDataSource控件。

（1）SqlDataSource 控件

该控件允许使用 SQL 命令检索和更新数据。默认情况下，该控件与 SQL Server 一起使用。最多可以为 SqlDataSource 控件指定四个命令（SQL 查询）：SelectCommand、UpdateCommand、DeleteCommand 和 InsertCommand。每个命令代表数据源控件的一个单独的属性。对于每个命令属性，指定数据源控件应执行的 SQL 语句。如果数据源控件连接的数据库支持存储过程，用户可以指定存储过程的名称代替为命令指定的 SQL 语句。

（2）AccessDataSource 控件

该控件是 SqlDataSource 类的专用版本，简化后专门用于 Access .mdb 文件。不必指定完整的连接字符串，只需将 DataFile 属性设置为指向 .mdb 文件即可。如果要求 .mdb 文件使用用户名和密码，可以指定该用户名和密码。可以使用ShareMode属性指定 .mdb 文件是只读还是读写的。就像 SqlDataSource 控件一样，也使用SQL语句定义控件获取和检索数据的方式。

（3）XmlDataSource 控件

可以使用 XmlDataSource 控件绑定到 XML 数据，以便可以利用 TreeView 和 Menu 等控件使用该 XML 数据。XmlDataSource 控件可以绑定到 XML 文件，也可以绑定到内存表示形式中的 XML 数据。如果有描述数据的架构，XmlDataSource 控件也可以利用此架构来提供类型化成员。通过将控件的 TransformFile 属性设置为 .xsl 文件的名称，可以为 XML 数据指定 XSLT 转换。通过转换，

可以将 XML 文件中的原始数据重新构建为更适合在页面中进行绑定的格式。应用转换会使数据处于只读状态。还可以通过设置控件的 XPath 属性，对 XML 数据应用 XPath 筛选器。通过指定 XPath 表达式，可以对 XML 数据进行筛选，以便只返回 XML 树中特定级别的节点，在这些节点中查找包含特定值的节点等。使用 XPath 表达式将禁用插入新数据的功能。

（4）ObjectDataSource控件

可以通过 ObjectDataSource 控件使用业务对象或其他返回数据的类。ObjectDataSource 控件可以帮助用户创建依靠中间层业务对象来管理数据的多层 Web 应用程序。

（5）SiteMapDataSource控件

可以通过 SiteMapDataSource 控件使用为站点配置的站点地图提供程序所存储的站点地图数据。当用户需要通过非站点导航专用控件的 Web 服务器控件（如 TreeView 或 DropDownList 控件）来使用站点地图数据时，此控件尤其有用。

三、页面中控件的属性及说明

SqlDataSource控件的常用属性及说明如表8-1所示。

表 8-1　SqlDataSource 控件的常用属性及说明

属　性	说　明
ConnectionString	获取或设置 SqlDataSource 控件，用于数据库连接的字符串
DataSourceMode	获取或设置 SqlDataSource 控件以何种模式进行数据检索，以提取数据
DeleteCommand	获取或设置 SqlDataSource 控件的 SQL 字符串，用于从基础数据库中删除数据
DeleteCommandType	获取或设置一个值，该值指示文本 DeleteCommand 属性是否一个 SQL 语句或存储过程的名称
DeleteParameters	从与 SqlDataSource 控件相关联的 SqlDataSourceView 对象获取包含 DeleteCommand 属性所使用的参数集合
ID	获取或设置分配给服务器控件的编程标识符（继承自 Control）
InsertCommand	获取或设置 SQL 字符串 SqlDataSource 控件，向基础数据库中插入数据
InsertCommandType	获取或设置一个值，该值指示 InsertCommand 属性中的文本是一个 SQL 语句还是存储过程的名称
InsertParameters	获取在插入操作过程中使用的参数集合。在 InsertParameters 集合中提供的值仅用于在数据源中定义但未绑定到数据控件中的字段
SelectCommand	获取或设置 SQL 字符串 SqlDataSource 控件，用于从基础数据库中检索数据
SelectCommandType	获取或设置一个值，该值指示文本 SelectCommand 属性是否一个 SQL 查询或存储过程的名称
SelectParameters	从与 SqlDataSource 控件相关联的 SqlDataSourceView 对象获取包含 SelectCommand 属性所使用的参数的参数集合
SortParameterName	选择命令上接受排序表达式的参数的名称（如果有）。仅当使用存储过程时才支持此选项
UpdateCommand	获取或设置 SQL 字符串 SqlDataSource 控件，用来更新与基础数据库的数据

属　性	说　明
UpdateCommandType	获取或设置一个值，该值指示文本 UpdateCommand 属性是否是一个 SQL 语句或存储过程的名称
UpdateParameters	从与 SqlDataSource 控件相关联的 SqlDataSourceView 对象获取包含 UpdateCommand 属性所使用的参数集合
Visible	获取或设置一个值，该值指示控件是否以可视方式显示（继承自 DataSourceControl）

GridView控件的行为属性及说明如表8-2所示。

表 8-2　GridView 控件的行为属性及说明

属　性	说　明
AllowPaging	指示该控件是否支持分页
AllowSorting	指示该控件是否支持排序
AutoGenerateDeleteButton	指示该控件是否包含一个按钮列，以允许用户删除映射到被单击行的记录
AutoGenerateEditButton	指示该控件是否包含一个按钮列，以允许用户编辑映射到被单击行的记录
AutoGenerateSelectButton	指示该控件是否包含一个按钮列，以允许用户选择映射到被单击行的记录
DataMember	指示一个多成员数据源中的特定表绑定到该网格。该属性与 DataSource 结合使用。如果 DataSource 有一个 DataSet 对象，则该属性包含要绑定的特定表的名称
DataSource	获得或设置包含用来填充该控件的值的数据源对象
DataSourceID	指示所绑定的数据源控件
RowHeaderColumn	用作列标题的列名。该属性旨在改善可访问性
SortDirection	获得列的当前排序方向
SortExpression	获得当前排序表达式

GridView控件的样式属性及说明如表8-3所示。

表 8-3　GridView 控件的样式属性及说明

属　性	说　明
AlternatingRowStyle	定义表中每隔一行的样式属性
EditRowStyle	定义正在编辑的行的样式属性
FooterStyle	定义网格的页脚的样式属性
HeaderStyle	定义网格的标题的样式属性
EmptyDataRowStyle	定义空行的样式属性，在 GridView 绑定到空数据源时生成
PagerStyle	定义网格的分页器的样式属性
RowStyle	定义表中的行的样式属性
SelectedRowStyle	定义当前所选行的样式属性

GridView控件的外观属性及说明如表8-4所示。

表 8-4　GridView 控件的外观属性及说明

属　性	说　　明
BackImageUrl	指示要在控件背景中显示的图像的 URL
Caption	在该控件的标题中显示的文本
CaptionAlign	标题文本的对齐方式
CellPadding	指示一个单元的内容与边界之间的间隔（以像素为单位）
CellSpacing	指示单元之间的间隔（以像素为单位）
GridLines	指示该控件的网格线样式
HorizontalAlign	指示该页面上的控件水平对齐
EmptyDataText	指示当该控件绑定到一个空的数据源时生成的文本
PagerSettings	引用一个允许设置分页器按钮的属性的对象
ShowFooter	指示是否显示页脚行
ShowHeader	指示是否显示标题行

GridView控件的状态属性及说明如表8-5所示。

表 8-5　GridView 控件的状态属性及说明

属　性	说　　明
BottomPagerRow	返回表格该网格控件的底部分页器的 GridViewRow 对象
Columns	获得一个表示该网格中列的对象的集合。如果这些列是自动生成的，则该集合总是空的
DataKeyNames	获得一个包含当前显示项的主键字段名称的数组
DataKeys	获得一个表示在 DataKeyNames 中为当前显示记录设置的主键字段的值
EditIndex	获得和设置基于 0 的索引，标识当前以编辑模式生成的行
FooterRow	返回一个表示页脚的 GridViewRow 对象
HeaderRow	返回一个表示标题的 GridViewRow 对象
PageCount	获得显示数据源的记录所需的页面数
PageIndex	获得或设置基于 0 的索引，标识当前显示的数据页
PageSize	指示在一个页面上要显示的记录数
Rows	获得一个表示该控件中当前显示数据行的 GridViewRow 对象集合
SelectedDataKey	返回当前选中记录的 DataKey 对象
SelectedIndex	获得和设置标识当前选中行基于 0 的索引
SelectedRow	返回一个表示当前选中行的 GridViewRow 对象
SelectedValue	返回 DataKey 对象中存储的键的显式值。类似于 SelectedDataKey
TopPagerRow	返回一个表示网格顶部分页器的 GridViewRow 对象。

 **任务实施**

视频 ●‥‥‥

（1）打开物业管理系统项目，添加一个Web窗体，并命名为House_Information.aspx，如图8-1所示，保存。

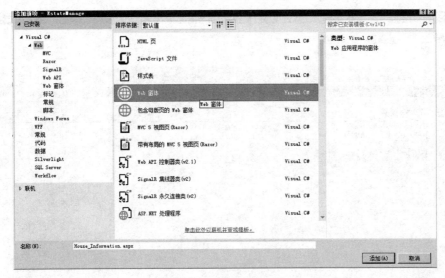

图 8-1　添加 Web 窗体

（2）在House_Information.aspx中加入SqlDataSource、GridView控件，ID分别命名为SdsHouseInf和GdvHouseINF，如图8-2所示。

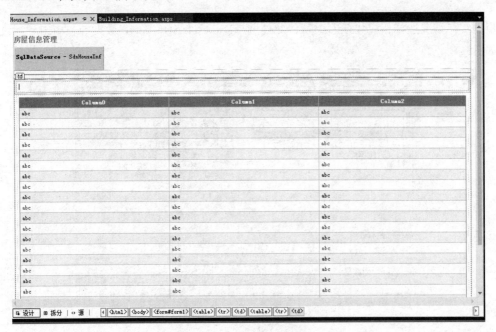

图 8-2　页面控件布局

（3）配置数据源控件SqlDataSource。

如果项目中没有进行过数据连接，可单击"新建连接"按钮，如图8-3所示。

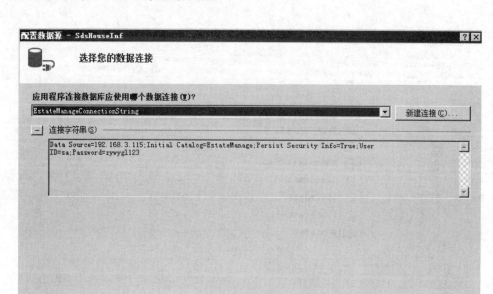

图 8-3　配置数据源控件 SqlDataSource

根据实际情况选择相应数据库类型，此处选择Microsoft SQL Server数据源，单击"继续"按钮，如图8-4所示。

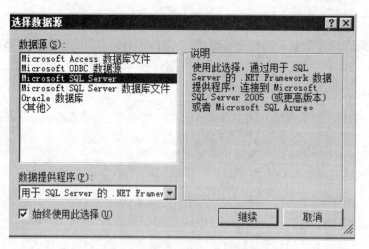

图 8-4　"选择数据源"对话框

在弹出的"添加连接"对话框中输入服务器名或者服务器的IP地址，再输入SQL Server服务器登录认证信息（见图8-5），认证通过后即可选择要连接的数据库，单击"测试连接"按钮，弹出图8-6所示的提示对话框，表示连接配置成功。

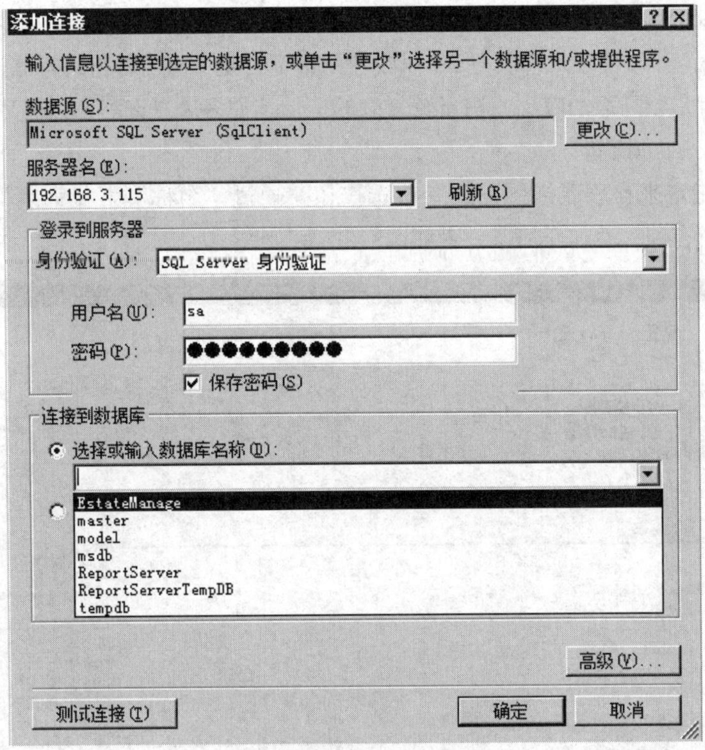

图 8-5　配置新建数据连接

图 8-6　数据连接测试成功

单击"确定"按钮，即可自动生成连接字符串，本例自动生成的连接字符串为：

```
Data Source=192.168.3.115;Initial Catalog=EstateManage;Persist Security
Info=True;User ID=sa;Password=zywygl123
```

其中：

Data Source为SQL Server服务器的地址（计算机名也可以）。

Initial Catalog为要连接的数据库名称。

Persist Security Info为是否保存安全信息，True表示保存，False表示不保存。

User ID为SQL Server服务器的用户名。

Password为SQL Server服务器用户名对应的密码。

可以将这个连接字符串保存在web.config中，供其他页面使用，这样再用到此数据库连接时就不需要一步步配置了，选择已经保存的连接字符串即可。

（4）配置Select语句。

如图8-7所示，有两种方式来配置Select语句：指定自定义SQL语句或存储过程和指定来自表或视图的列。前者是较高级的应用，用于较复杂的情形，如多表查询等；后者用于较简单的应用，可以通过选择生成Select语句。

此处选择"指定来自表或视图的列"单选按钮，通过"名称"下拉列表框选择房屋信息表HouseInfo，选择所有列，不加任何条件，如图8-8所示。

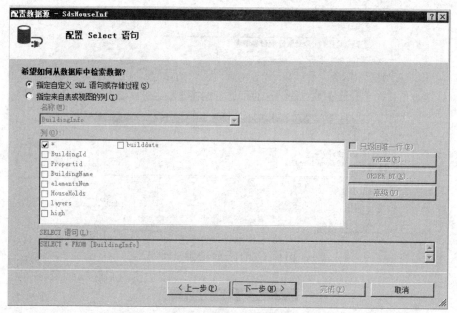

图 8-7　配置 Select 语句

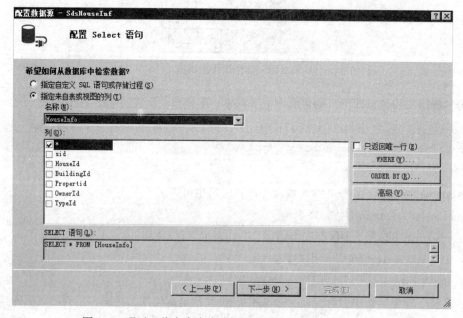

图 8-8　通过"指定来自表或视图的列"来配置 Select 语句

　　单击"下一步"按钮，弹出"测试查询"界面，如图8-9所示。

　　可以看到HouseInfo表的记录已经可以看到了，单击"完成"按钮，SqlDataSource数据源已经配置完成。

　　（5）配置GridView控件，选中GridView控件，单击右上角的小按钮，如图8-10所示。

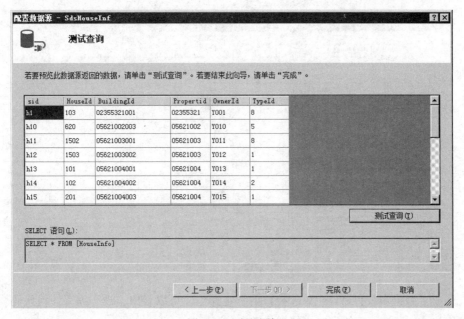

图 8-9　测试查询

图 8-10　配置 GridView 控件

　　单击"选择数据源"下拉按钮，展开的下拉列表如图8-11所示。

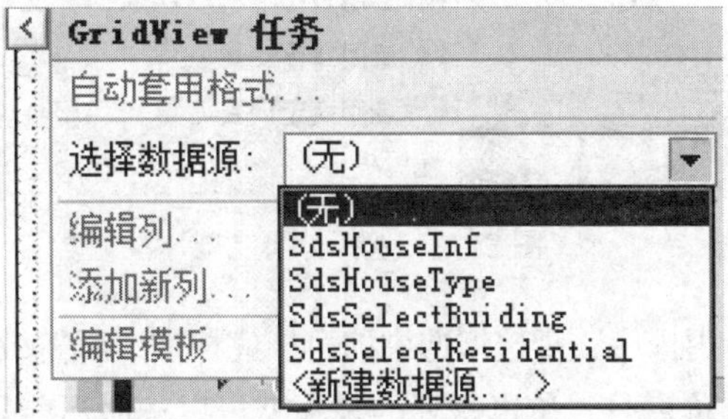

图 8-11　为 GridView 控件选择数据源

选择已经配置好的SqlDataSource数据源控件SdsHouseInf，即可完成SqlDataSource数据源控件和GridView控件的绑定操作，预览效果如图8-12所示

房屋信息管理

sid	HouseId	BuildingId	Propertid	OwnerId	TypeId
h1	103	02355321001	02355321	Y001	8
h10	620	05621002003	05621002	Y010	5
h11	1502	05621003001	05621003	Y011	8
h12	1503	05621003002	05621003	Y012	1
h13	101	05621004001	05621004	Y013	1
h14	102	05621004002	05621004	Y014	2
h15	201	05621004003	05621004	Y015	1
h16	202	05621004004	05621004	Y016	1
h17	301	05621004005	05621004	Y017	1
h18	101	05621015001	05621015	Y018	4
h19	102	05621015002	05621015	Y019	5
h2	104	02355321002	02355321	Y002	9
h3	105	02355321003	02355321	Y003	1
h4	601	05621001001	05621001	Y004	2
h5	101	05621001002	05621001	Y005	4
h6	102	05621001003	05621001	Y006	5
h7	102	05621001004	05621001	Y007	5

图 8-12　预览效果

到此完成了数据源控件和GridView控件的绑定操作，可以看出，没有编写任何代码就可以实现对数据库的访问。接下来要完成更精细的操作。

（6）实现分页显示和排序功能。

选中GridView控件，单击右上角的小按钮，如图8-13所示。

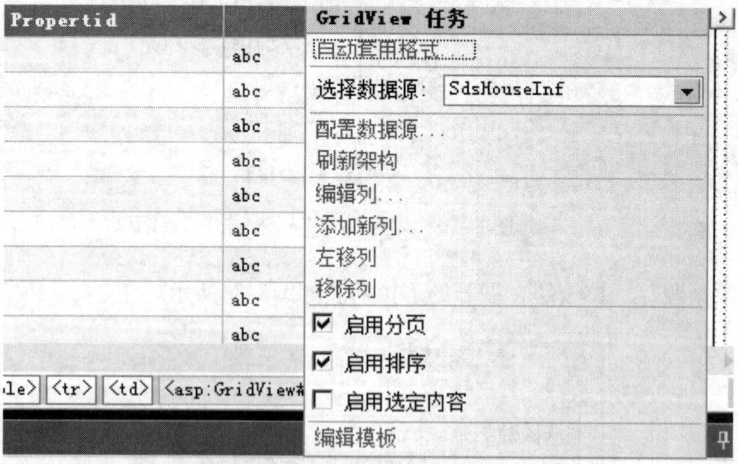

图 8-13　选择分页功能

将"启用分页"和"启用排序"复选框选中即可。完成后，预览效果如图8-14所示。

出现了右下角的分页浏览序号，单击每列的表头就可以按照当前列字段进行排序，单击一次升序，再单一次就是降序，非常方便实用。在分页功能中可以设置每页的记录条数，通过设置

PageSize属性就可实现，如 PageSize 10 。

sid	HouseId	BuildingId	Propertid	OwnerId	TypeId
h1	103	02355321001	02355321	Y001	8
h10	620	05621002003	05621002	Y010	5
h11	1502	05621003001	05621003	Y011	8
h12	1503	05621003002	05621003	Y012	1
h13	101	05621004001	05621004	Y013	1
h14	102	05621004002	05621004	Y014	2
h15	201	05621004003	05621004	Y015	1
h16	202	05621004004	05621004	Y016	1
h17	301	05621004005	05621004	Y017	1
h18	101	05621015001	05621015	Y018	4

1 2

图 8-14　预览分页功能效果

（7）添加编辑、删除和选择按钮功能。

在很多应用场景中，用户不仅要浏览数据，有时候还要对数据进行管理，GridView为用户提供了非常方便的功能来完成这样的应用。

要添加这些功能首先要重新配置SqlDataSource控件，如图8-15所示。

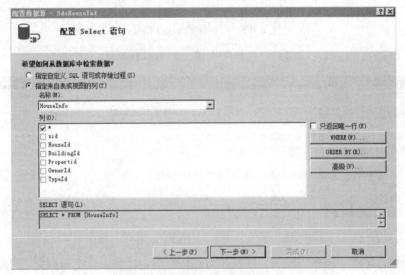

图 8-15　配置 SqlDataSource 控件

单击"高级"按钮，弹出"高级SQL生成选项"对话框，如图8-16所示。

图 8-16　"高级 SQL 生成选项"对话框

选中"生成INSERT、UPDATE和DELETE语句"复选框，然后单击"确定"按钮。

返回到GridView控件，单击右上角的小按钮，选中"启用编辑"和"启用删除"复选框，也可以同时选中"启用选定内容"复选框，如图8-17所示。

图 8-17　启用编辑和启用删除

选中后，出现了"编辑""删除""选择"按钮，如图8-18所示。

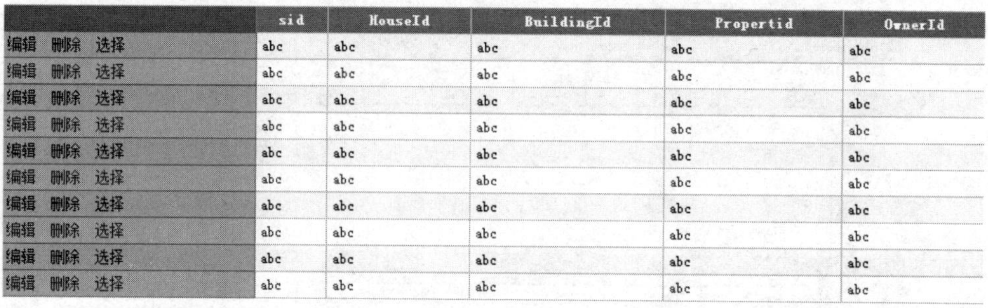

		sid	HouseId	BuildingId	Propertid	OwnerId
编辑	删除 选择	abc	abc	abc	abc	abc
编辑	删除 选择	abc	abc	abc	abc	abc
编辑	删除 选择	abc	abc	abc	abc	abc
编辑	删除 选择	abc	abc	abc	abc	abc
编辑	删除 选择	abc	abc	abc	abc	abc
编辑	删除 选择	abc	abc	abc	abc	abc
编辑	删除 选择	abc	abc	abc	abc	abc
编辑	删除 选择	abc	abc	abc	abc	abc
编辑	删除 选择	abc	abc	abc	abc	abc
编辑	删除 选择	abc	abc	abc	abc	abc

图 8-18　加入"编辑""删除""选择"按钮

保存后预览，单击"编辑"按钮，效果如图8-19所示，出现了文本编辑框，可对数据进行修改操作，如果单击"删除"按钮，则对应行的记录就会被删除了，单击"选择"按钮，则对应行的记录就会标色显示。

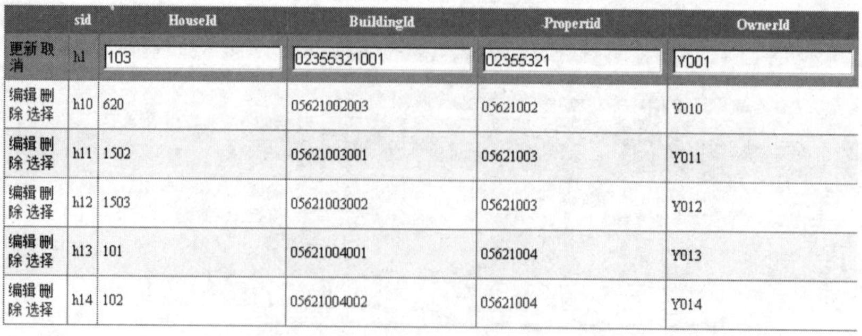

	sid	HouseId	BuildingId	Propertid	OwnerId
更新 取消	h1	103	02355321001	02355321	Y001
编辑 删除 选择	h10	620	05621002003	05621002	Y010
编辑 删除 选择	h11	1502	05621003001	05621003	Y011
编辑 删除 选择	h12	1503	05621003002	05621003	Y012
编辑 删除 选择	h13	101	05621004001	05621004	Y013
编辑 删除 选择	h14	102	05621004002	05621004	Y014

图 8-19　单击"编辑"按钮预览效果

上述功能实现过程中没有进行任何编码，但功能已经很不错了，美中不足的是当单击"删除"按钮时，对应记录就会被直接删除，没有任何提示，可能造成误删数据，下面完善"删除"功能。

选中GridView控件，单击右上角的小按钮，选择"编辑列"命令，弹出"字段"对话框，如图8-20所示。

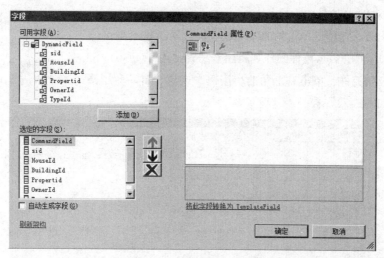

图 8-20　"字段"对话框

选中CommandField字段，单击"将此字段转换为TemplateField"超链接，选中GridView控件切换到源视图，找到以下代码

```
<asp:TemplateField ShowHeader="False">
  <EditItemTemplate>
    <asp:LinkButton ID="LinkButton1" runat="server" CausesValidation="True"
CommandName="Update" Text="更新"></asp:LinkButton>
     <asp:LinkButton ID="LinkButton2" runat="server" CausesValidation=
"False" CommandName="Cancel" Text="取消"></asp:LinkButton>
  </EditItemTemplate>
  <ItemTemplate>
    <asp:LinkButton ID="LinkButton1" runat="server" CausesValidation="False"
CommandName="Edit" Text="编辑"></asp:LinkButton>
     <asp:LinkButton ID="LinkButton2" runat="server" CausesValidation=
"False" CommandName="Select" Text="选择"></asp:LinkButton>
     <asp:LinkButton ID="LinkButton3" runat="server" CausesValidation=
"False" CommandName="Delete" Text="删除"></asp:LinkButton>
  </ItemTemplate>
</asp:TemplateField>
```

在"删除"按钮中加入OnClientClick="return(confirm('确认要删除这条记录吗？'))"，完整的"删除"按钮代码如下：

```
<asp:LinkButton ID="LinkButton3" runat="server" CausesValidation="False"
CommandName="Delete" Text="删除" OnClientClick="return(confirm('确认要删除这条记录
吗？'))"></asp:LinkButton>
```

再次预览本页面，单击"删除"按钮，效果如图8-21所示。

单击"确定"按钮，本条记录就会被删除，单击"取消"按钮则不删除。

（8）美化GridView控件。

通过以上步骤，功能性的设计基本完成，但界面还是不美观，下面通过设置GridView控件的外观属性来完成美化。

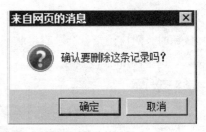

图8-21　确认删除

选中GridView控件，单击右上角的小按钮，选择"自动套用格式"命令，弹出"自动套用格式"对话框，如图8-22所示。

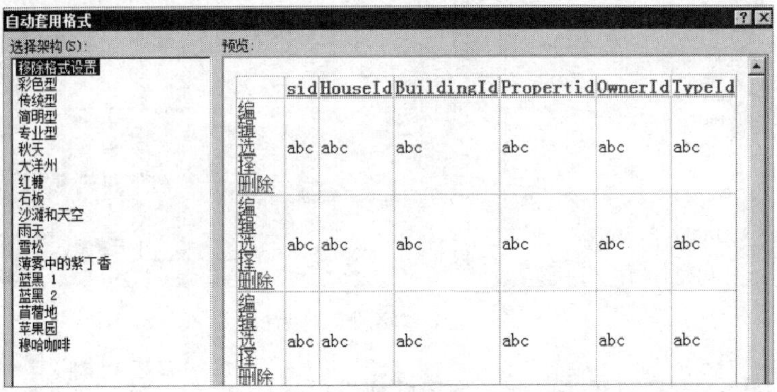

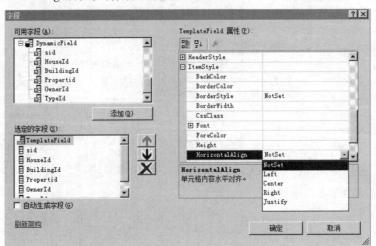

图8-22　"自动套用格式"对话框

选择系统提供的各种方案，可以得到不同的效果，如果对系统提供的方案不满意或者不满足要求，可以通过外观属性和样式属性自己编辑各种属性。对本页面的简单美化步骤如下：

① 修改各字段的表头名称。单击编辑列，在弹出的窗口中，选择要修改的字段，找到HeaderText属性，将其改成所要的表头名称。

② 修改各字段的对齐方式。单击编辑列，在弹出的窗口中，选择要修改的字段，找到ItemStyle中的HorizontalAlign属性，将其设成想要的对齐方式，如图8-23所示。

图8-23　设置对齐方式

本例美化后，预览效果如图8-24所示。

房产证号	房号	业主编号	房屋类型	操作
h1	103	Y001	8	编辑 删除 选择

图 8-24 美化后预览效果

到此本例的物业管理系统房屋信息功能实现了查看、删除和编辑功能，操作过程中基本没有编写代码，添加功能在单元9中介绍，本任务到此结束。

任务2 物业管理系统小区概况功能实现

在任务1中已经学习了数据绑定的概念，使用GridView显示和编辑数据库中数据时非常方便，GridView用于处理多条记录的情形，如果一条记录字段很多用GridView来处理就不合适了。本节将介绍用FormView控件来解决显示一条记录很多字段的问题。

具体而言，利用GridVidew控件显示多条记录的主要信息，DetailsView控件或FormView控件则显示GridView控件中被选定记录的详细信息。在功能方面，DetailsView控件与FormView控件相似：两者每次都只显示一条记录的信息；但在页面布局方面却不一样：前者以类似表格中的行方式每行显示一个字段内容，界面单调，布局缺乏灵活性；而后者则有更大的灵活性，设计人员在系统提供的模板中根据自己的意愿布局要显示的字段内容，容易得到界面美观、格式变化有序的页面，因而更受用户的欢迎。

知识技能准备

一、FormView 控件支持的模板

FormView控件的输出全部基于模板。这意味着在任何细微之处都需要设置模板。表8-6列举了控件支持的模板。

表8-6 FormView 控件支持的模板

模　板	说　明
EditItemTemplate	当编辑现有记录时使用该模板
InsertItemTemplate	当创建新记录时使用该模板
ItemTemplate	仅当查看现有记录时使用该模板

在只读浏览模式下，可使用ItemTemplate来定义控件的布局。可使用EditItemTemplate来编辑当前记录的内容，使用InsertItemTemplate来添加新记录。

二、FormView 控件常用属性及说明

FormView控件的常用属性及说明如表8-7所示。

表 8-7 FormView 控件的常用属性及说明

属 性	说 明
BackColor	获取或设置 Web 服务器控件的背景色（从 WebControl 继承）
BackImageUrl	获取或设置要在 FormView 控件的背景中显示图像的 URL
BorderColor	获取或设置 Web 控件的边框颜色（从 WebControl 继承）
BorderWidth	获取或设置 Web 服务器控件的边框宽度（从 WebControl 继承）
Caption	获取或设置要在 FormView 控件的 HTML 标题元素中呈现的文本。提供此属性的目的是使辅助技术设备的用户更易于访问控件
CellPadding	获取或设置单元格的内容和单元格的边框之间的空间量
CellSpacing	获取或设置单元格间的空间量
ClientID	获取由 ASP.NET 生成的服务器控件标识符（从 Control 继承）
DataItem	获取绑定到 FormView 控件的数据项
DataItemCount	获取数据源中的数据项的数目
DataSource	获取或设置对象，数据绑定控件从该对象中检索其数据项列表（从 BaseDataBoundControl 继承）
DataSourceID	获取或设置控件的 ID，数据绑定控件从该控件中检索其数据项列表（从 DataBoundControl 继承）
EmptyDataText	获取或设置在 FormView 控件绑定到不包含任何记录的数据源时所呈现的空数据行中显示的文本
Enabled	获取或设置一个值，该值指示是否启用 Web 服务器控件（从 WebControl 继承）
GridLines	获取或设置 FormView 控件的网格线样式
HeaderRow	获取表示 FormView 控件中的标题行的 FormViewRow 对象
HeaderStyle	获取一个对 TableItemStyle 对象的引用，使用该对象可以设置 FormView 控件中标题行的外观
HeaderTemplate	获取或设置 FormView 控件中标题行的用户定义内容
HeaderText	获取或设置要在 FormView 控件的标题行中显示的文本
Height	获取或设置 Web 服务器控件的高度（从 WebControl 继承）
HorizontalAlign	获取或设置 FormView 控件在页面上的水平对齐方式
ID	获取或设置分配给服务器控件的编程标识符（从 Control 继承）
Page	获取对包含服务器控件的 Page 实例的引用（从 Control 继承）
PageCount	获取显示数据源中的所有记录所需要的总页数
Visible	获取或设置一个值，该值指示服务器控件是否作为 UI 呈现在页上（从 Control 继承）
Width	获取或设置 Web 服务器控件的宽度（从 WebControl 继承）

任务实施

视 频

（1）打开物业管理系统项目，添加一个Web窗体，并命名为General_Situation_Residential.aspx，如图8-25所示，添加后保存。

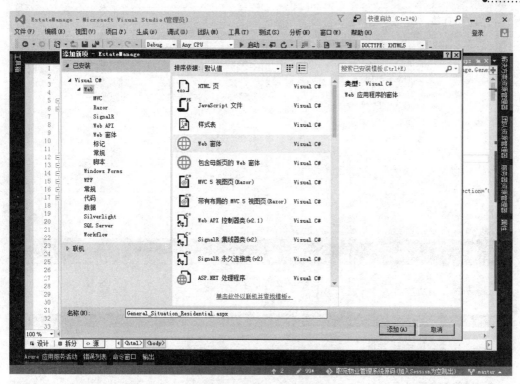

图 8-25　添加 Web 窗体

（2）将SqlDataSource、FormView和DropDownList控件拖入新建窗体并分别命名为SdsSelectResidential、SdsSelect、FmvResidential和DropSelect，本页面有两次不同的数据连接请求，所以用了两个SqlDataSource控件，SdsSelect与DropSelect绑定，进行小区的选择，SdsSelectResidential与FmvResidential绑定对小区概况数据进行操作。控件页面布局如图8-26所示。

（3）SqlDataSource控件的详细配置任务1已经详细介绍了，本例只配置一些重要步骤。SdsSelect的相关配置如下，因为已经配置过一次数据库连接字符串，已经保存在web.config文件中了，如果还是连接同一个数据库，则可以直接选择，本任务和任务1都操作同一个数据库，故可以直接选择EstateMangageConnectionString连接字符串，可以看到，选择后出现了数据库的连接信息Data Source=192.168.3.115;Initial Catalog=EstateManage;Persist Security Info=True;User ID=sa;Password=zywygl123，如图8-27所示。

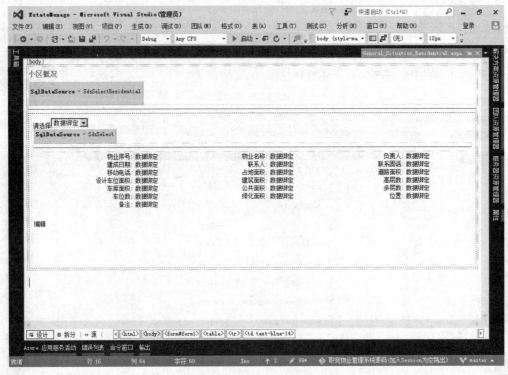

图 8-26　控件页面布局

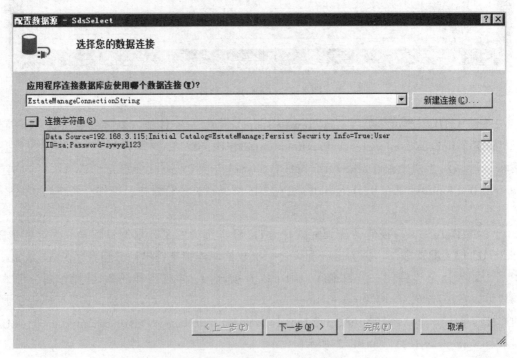

图 8-27　SqlDataSource 控件配置

下面配置SQL语句，本任务要实现的功能需要连接两张表查询所需信息，所以通过选择方式来完成已经不可以了，选中"指定自定义SQL语句或存储过程"单选按钮，如图8-28所示。

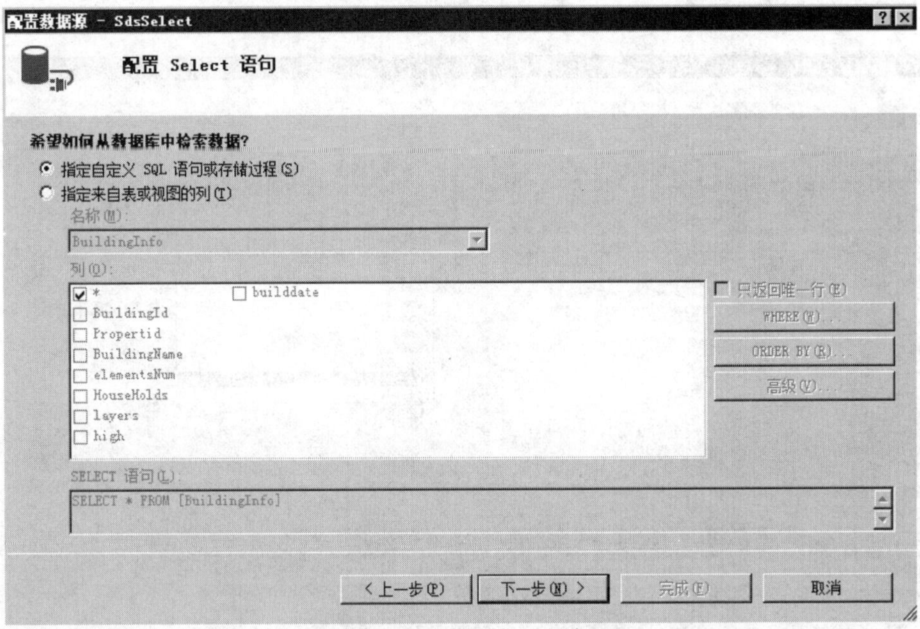

图 8-28　配置 Select 语句

单击"下一步"按钮，在"SQL语句"文本框中输入SELECT PropertyInfo.Propertid, PropertyInfo.PropertName FROM User_Property INNER JOIN PropertyInfo ON User_Property.Propertid = PropertyInfo.Propertid WHERE (User_Property.member_login = @member_login)，如图8-29所示。也可以使用"查询生成器"帮助完成这条语句。

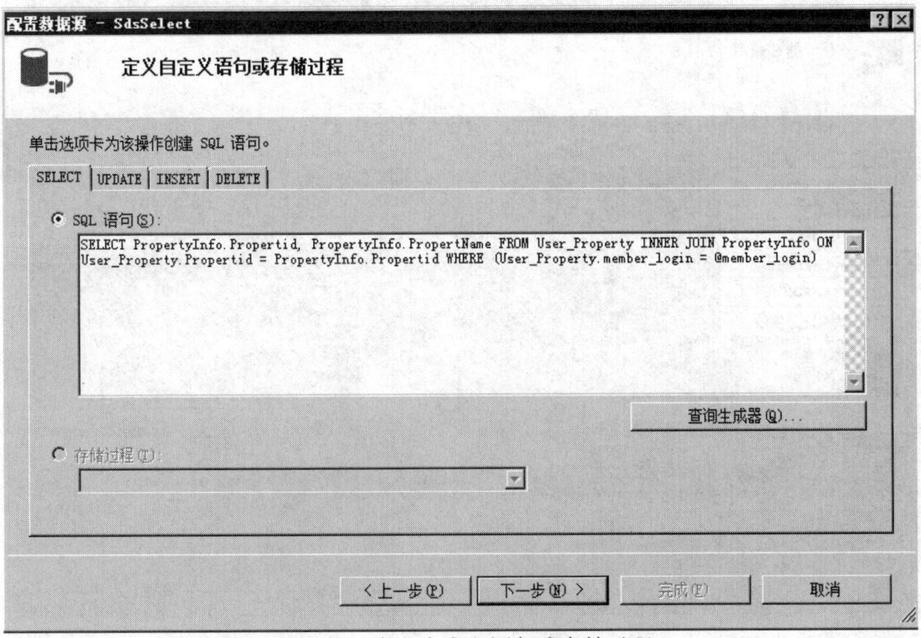

图 8-29　定义自定义语句或存储过程

因为本查询语句中有where子句，要进行条件筛选，单击"下一步"按钮，弹出图8-30所示对话框，可定义参数，"参数源"可以选择Session、Control、QueryString、Cookie等，此处选择Session。

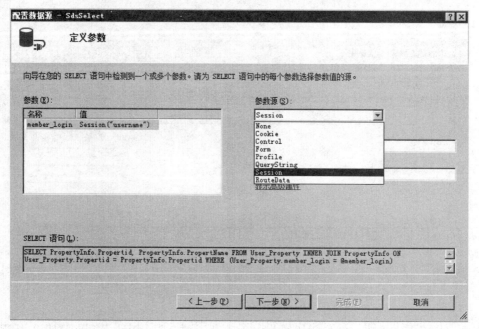

图 8-30 定义参数

配置好相关参数后，单击"下一步"按钮，测试查询，如图8-31所示，单击"完成"按钮，完成测试查询。

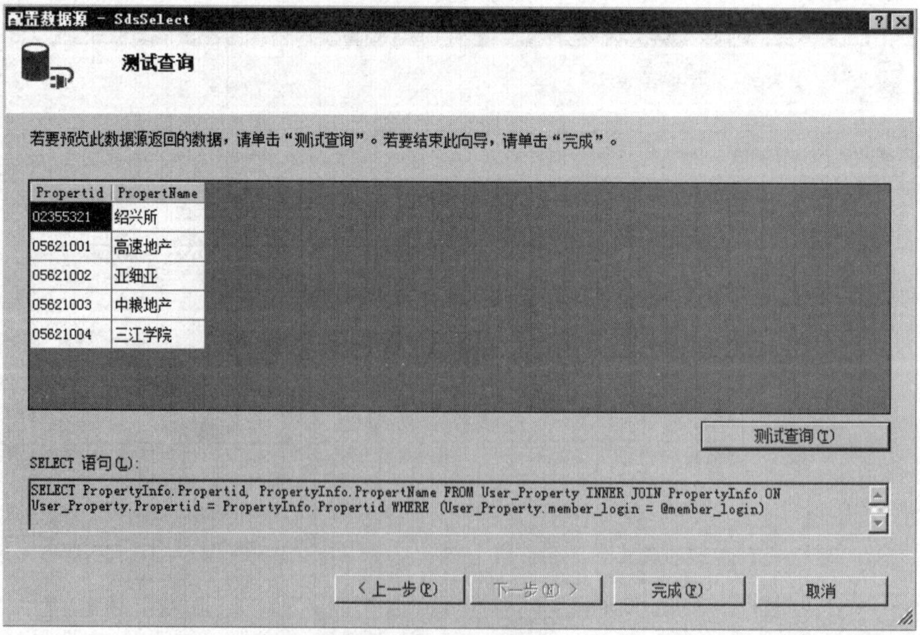

图 8-31 测试查询

（4）将SdsSelect与DropSelect绑定，数据源选择SdsSelect，选择要在DropDownList中显示的数据字段，选择PropertName，为DropDownList的值选择数据字段Propertid，如图8-32所示。

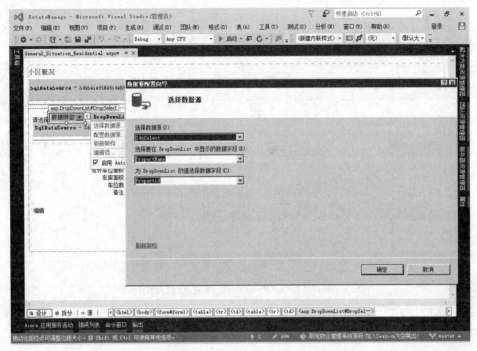

图 8-32　SdsSelect 与 DropSelect 绑定

（5）SdsSelectResidential配置，配置方法同SdsSelect，如图8-33和图8-34所示。

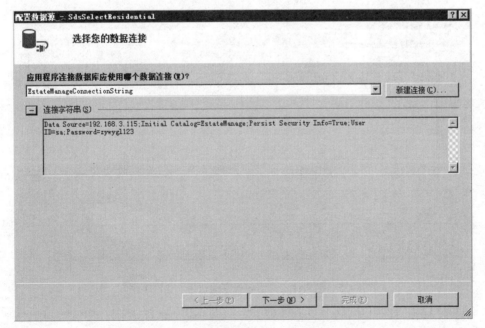

图 8-33　SdsSelectResidential 配置

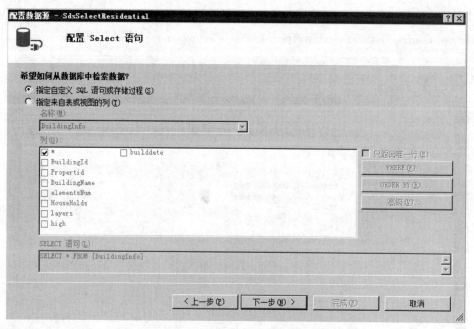

图 8-34　SdsSelectResidential 配置 SELECT 语句

配置SELECT语句为SELECT * FROM [PropertyInfo] WHERE ([Propertid] = @Propertid)，如图8-35所示。

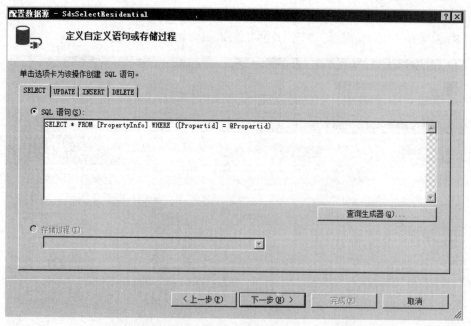

图 8-35　定义自定义语句或存储过程 SELECT 语句

配置UPDATE语句为UPDATE [PropertyInfo] SET [PropertName] = @PropertName, [principal] = @principal, [CompletionDate] = @CompletionDate, [PersonContact] = @PersonContact, [Phone] = @Phone, [MobilePh] = @MobilePh, [Area] = @Area, [RoadArea] = @RoadArea, [ParkingArea] = @ParkingArea,

[StructureArea] = @StructureArea, [TopNum] = @TopNum, [CarportArea] = @CarportArea, [PublicArea] = @PublicArea, [LayersNum] = @LayersNum, [ParkingNum] = @ParkingNum, [GreenArea] = @GreenArea, [Address] = @Address, [memo] = @memo WHERE [Propertid] = @original_Propertid，如图8-36所示。

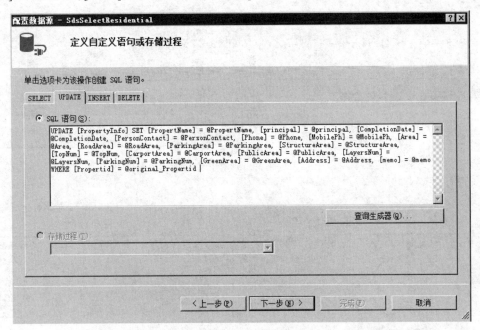

图 8-36 定义自定义语句或存储过程 UPDATE 语句

配置DELETE语句为DELETE FROM [PropertyInfo] WHERE [Propertid] = @original_Propertid，如图8-37所示。

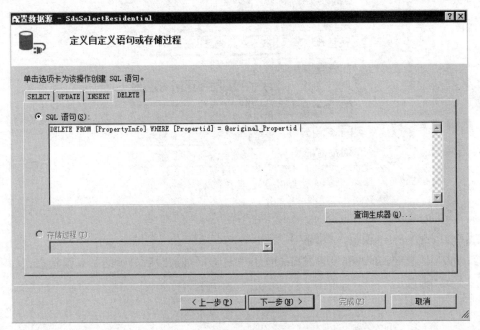

图 8-37 定义自定义语句或存储过程 DELETE 语句

参数源选择Control，如图8-38所示。

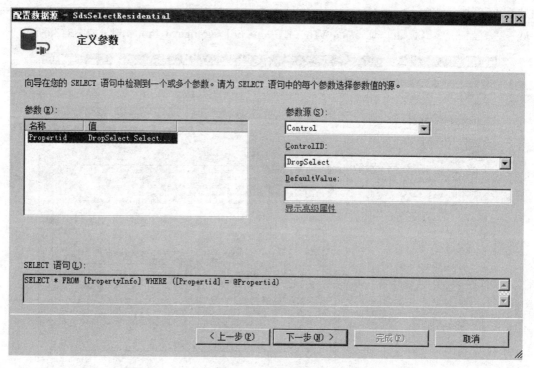

图8-38　定义参数

（6）将SdsSelectResidential与FmvResidential进行绑定，然后选择编辑模板，如图8-39所示。

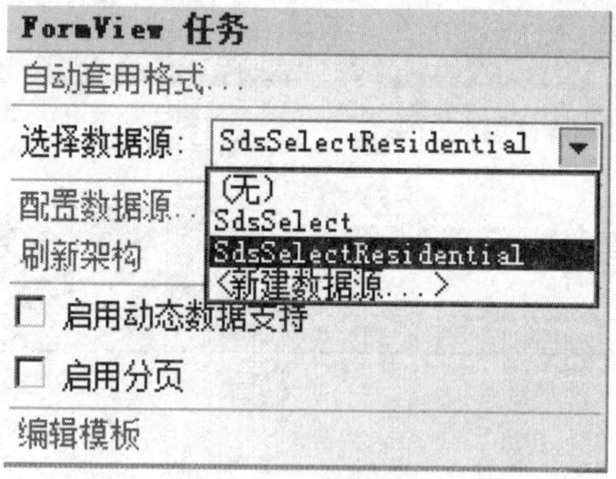

图8-39　选择数据源

编辑ItemTemplate模板，如图8-40所示。

编辑EditItemTemplate模板，如图8-41所示。

将FormView的DefaultMode设置成ReadOnly，这样网页加载后显示的是只读状态，如图8-42所示。

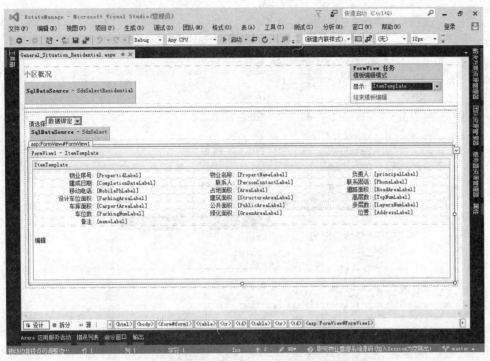

图 8-40　ItemTemplate 模板布局

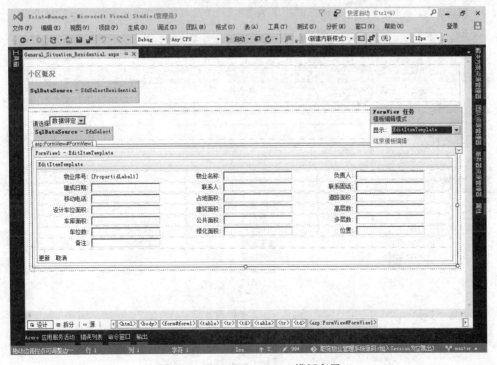

图 8-41　EditItemTemplate 模板布局

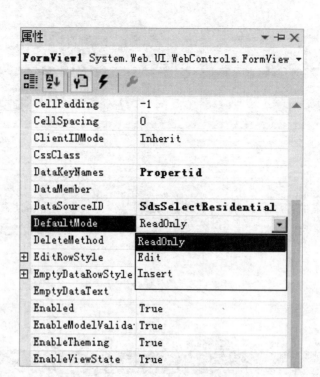

图 8-42 DefaultMode 设置成 ReadOnly

（7）保存后预览效果如图8-43所示。

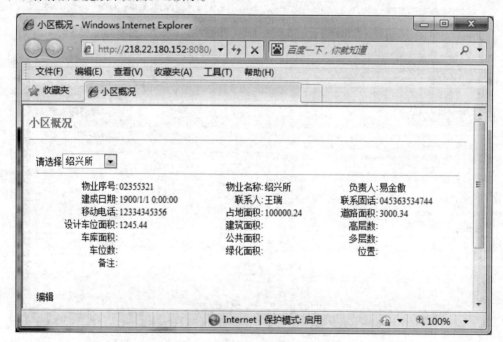

图 8-43 预览效果

单击下拉列表框时，页面没有反应，还是显示刚加载时的小区数据，这是因为没有启用

DropDownList的AotoPostBack属性，如图8-44所示，选中"启用AutoPostBack"复选框即可，这样通过下拉框选择不同小区时，页面数据就是随之变化。

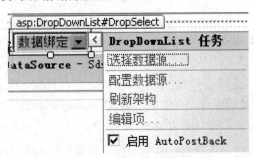

图 8-44　启用 DropDownList 的 AotoPostBack 属性

单击"编辑"按钮，即可实现对相关小区的数据编辑功能，如图8-45所示。

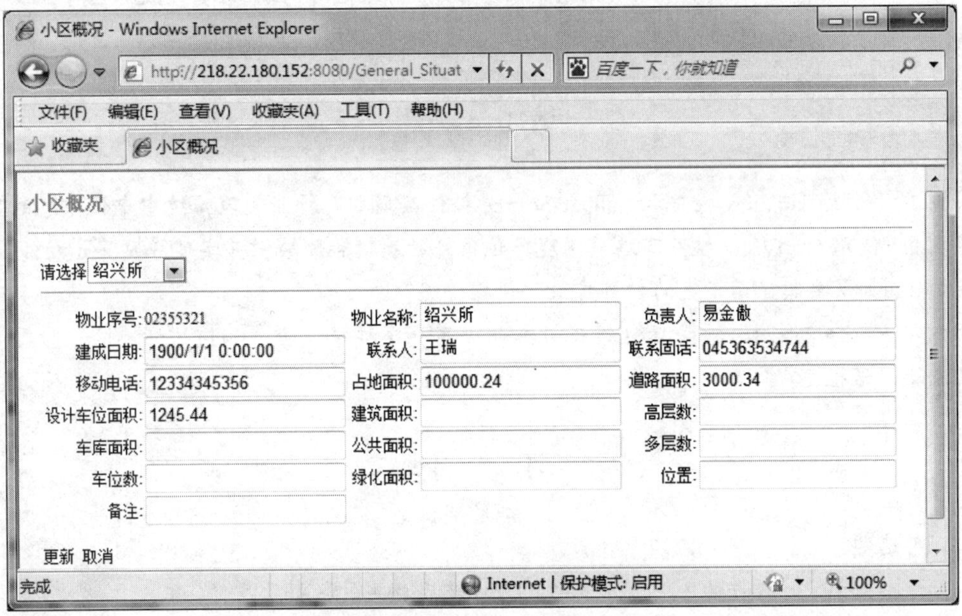

图 8-45　编辑效果

到此，完成了小区概况页面的编写，同样没有编写代码，完成了数据库操作页面。

小　结

本单元主要介绍了数据源控件和常用数据显示控件的使用方法，通过两个任务一步一步地介绍了各种控件的使用步骤和使用中的小技巧。通过学习，读者应该能够轻松完成数据库中数据在页面中的显示和编辑操作，并掌握以下内容：

1. 能够熟练掌握 SqlDataSource 数据源控件的使用，会配置连接字符串。数据源控件除了 SqlDataSource 外，还有其他几种类型，其使用思路和方法非常相似，只是针对不同的数据库类型进行操作，故本单元没有详细介绍其使用步骤。

2. 能够熟练使用常用数据显示控件显示和操作数据库中的数据，本单元详细介绍了 GridView 控件、DetailsView 控件和 FormView 控件，可以看出在不同应用场景下，选择合适的控件可以很轻松地完成功能需求，几乎不需要编写代码。还有一些数据显示控件本单元没有详细介绍其使用步骤，大家可以自己摸索一下。

当我们掌握了 ASP.NET 中基本的控件和本节介绍的数据源控件及数据显示控件，你会发现用 ASP.NET 开发 Web 应用真的很轻松，也充满乐趣。Visual Studio 2015 是一个强大的开发工具，尤其是在数据库操作和显示方面，它将基本数据库连接和数据显示都封装在不同的控件中，让程序员可以轻松完成数据库访问和显示操作，这样可以让程序员把大量时间用在程序业务逻辑上，大大提高了程序的开发效率和可靠性。随着学习的逐步深入，你会发现，如果只用数据源控件和数据显示控件完成数据库应用系统的编写，很多方面都会受到限制，不够灵活，为了解决这个问题 ASP.NET 中还有另外一种数据库访问方式，使用 ADO.NET 访问数据库，这是下一单元要介绍的内容。

实　　训

实训 1　使用 GridView 控件和 SqlDataSource 控件实现职宛物业管理系统中车位信息的显示。

实训 2　使用 GridView 控件不编码实现车位信息的编辑和删除，并实现分页显示功能。

实训 3　如果要想显示指定的数据应该如何操作呢？

实训 4　单击"删除"按钮后直接将数据删除了，这样很危险，如何给"删除"按钮添加一个确认删除对话框呢？

习　　题

一、单选题

1. 通过 GridView 控件的（　　　）属性，可以绑定指定的数据源控件。

　　A. DataMember　　　　B. DataSource　　　　C. DataSourceID　　　　D. Data

2. 如果要控制 GridView 控件显示页面的条数，应设置（　　　）属性。

　　A. PageSize　　　　　B. PageIndex　　　　C. PageStyle　　　　　D. RowCount

3. FormView 与 GridView 控件相比最重要的区别是（　　　）。

　　A. 能够存储数据　　　　　　　　　　B. 外观比较美观

　　C. 显示的布局几乎不受限制　　　　　D. 数据量受一定的限制

4. 在配置 GridView 控件的 SqlDateSource 数据源控件过程中，单击"高级"按钮的目的是（　　　）。

　　A. 打开其他窗口　　B. 输入新参数　　C. 生成 SQL 编辑语句　　D. 优化代码

5. 使用 SqlDataSource 控件可以访问的数据库不包括（　　　）。

A．SQL Server　　　　　　　　　　B．Oracle

C．XML　　　　　　　　　　　　　D．ODBC 数据库

二、填空题

1. 常用的数据源控件有＿＿＿＿＿＿、＿＿＿＿＿＿、＿＿＿＿＿＿、＿＿＿＿＿＿和
＿＿＿＿＿＿。

2. 要在 GridView 中启用排序和分布功能，可将＿＿＿＿＿＿和＿＿＿＿＿＿属性设为
True。

3. GridView 中将＿＿＿＿＿＿属性设为 True，可以启用删除功能。

4. FormView 控件支持的模板有＿＿＿＿＿＿、＿＿＿＿＿＿和＿＿＿＿＿＿。

三、简答题

1. 简述数据源控件和常用数据服务器控件的绑定过程？

2. 如何使用 GridView 控件显示、更新和删除数据表中的数据？

3. 如何使用 FormView 控件显示、更新和删除数据表中的数据？

单元 9
使用 ADO.NET 访问数据库

如单元 8 所述，数据绑定模式在编写程序时非常方便，不需要代码或使用少量代码就可以实现常用的数据库应用页面，但是这个模式形式较固定，不够灵活，对于实现特殊要求的数据库程序难以胜任，这就需要更为灵活的 ADO.NET 编码模式。

ADO.NET 是 NET Framework 提供的数据访问服务的类库，它提供了对关系数据、XML 和应用程序数据的访问。ADO.NET 提供对各种数据源的一致访问。针对不同的数据源，使用不同名称空间的数据访问类库（即数据提供程序）。使用 ADO.NET，可以实现灵活的数据访问控制。

学习目标

➢ 了解 ADO.NET 的基本概念；
➢ 掌握 ADO.NET 的结构；
➢ 掌握 ADO.NET DataSet；
➢ 掌握用 ADO.NET 连接和操作数据库。

具体任务

➢ 任务 1　物业管理系统添加小区用户功能实现
➢ 任务 2　物业管理系统业主缴费信息查询功能实现

任务1　物业管理系统添加小区用户功能实现

任务导入

在单元8中通过数据控件的绑定实现了对数据库中表的显示、编辑和删除等操作，没有介绍数据插入操作，是因为插入操作用数据控件实现起来不方便，有时候一些需求难以实现，比如数据录入数据库前对其进行有效性检查，但使用ADO.NET来完成就非常方便和灵活。

知识技能准备

ADO.NET 是一种应用程序与数据源交互的API，它支持的数据源包括数据库、文本文件、Excel表格或者XML文件等。ADO.NET 封装在 System.Data 命名空间及其子命名空间（System.Data.SqlClient 和 System.Data.OleDb）中，提供了强大的数据访问和处理功能，包括索引、排序、浏览和更新等。

图9-1显示了 ADO.NET 的构架。ADO.NET 构架的两个主要组件是 DataProvider（数据提供程序）和 DataSet（数据集）。

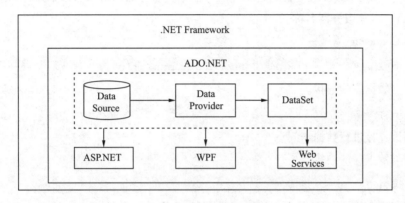

图 9-1　ADO.NET 的构架

一、DataProvider

DataProvider 提供了 DataSet 和数据库之间的联系，同时也包含存取数据库的一系列接口。通过数据提供者所提供的 API，可以轻松访问各种数据源的数据。.NET DataProvider 包括如下四个核心对象。

➢ Connection（连接对象）：用于与数据源建立连接。

➢ Command（命令对象）：用于对数据执行指定命令。

➢ DataReader（数据读取对象）：用于从数据源返回一个仅向前（forward-only）的只读数据源；

➢ DataAdapter（数据适配器对象）：自动将数据的各种操作变换到数据源相应的SQL语句。

1．Connection 对象

在 ADO.NET 中，Connection（连接对象）用于连接数据库，是应用程序访问和使用数据源数据的桥梁。下面列出了Connection 的部分常用成员：

➢ ConnectionString：连接字符串。

➢ Open( )：打开数据库连接。

➢ Close( )：关闭数据库连接。

使用 Connection 对象连接数据库的一般步骤如下：

（1）定义连接字符串用来描述数据源的连接方式，不同的数据源使用不同的连接字符串。以 SQL Server 为例，它既支持 SQL Server 身份验证连接方式，也支持 Windows 集成身份验证的连接

方式。其中，SQL Server 身份验证方式的连接字符串的一般格式如下：

```
string connString = "Data Source = 服务器名;Initial Catalog = 数据库名;User
ID = 用户名;Pwd = 密码";
```

Windows 身份验证的连接字符串的一般格式如下：

```
string connString = "Data Source = 服务器名;Initial Catalog = 数据库名;
Integrated Security = True";
```

其中，"服务器名"是数据库的服务器名称或 IP 地址。当应用程序和 SQL Server 服务器在同一台计算机上运行时，SQL Server 服务器名是本地服务器，其服务器名可以有以下几种写法：.（圆点）、local、127.0.0.1、本地服务器名称。

（2）创建 Connection 对象。

```
SqlConnection conn = new SqlConnection(connString);
```

（3）打开与数据库的连接。

```
conn.Open();
```

（4）使用该连接进行数据访问。

（5）关闭与数据库的连接。

```
conn.Close();
```

注意：不同数据提供者的连接对象及其命令空间是不相同的。以下列出了不同命名空间的 Connection 对象：

System.Data.SqlClient 对应 SqlConnection。

System.Data.OleDb 对应 OleDbConnection。

System.Data.Odbc 对应 OdbcConnection。

System.Data.OracleClient 对应 OracleClientConnection。

2. Command 对象

Command（命令对象）用于封装和执行 SQL 命令并从数据源中返回结果，命令对象的 CommandText 属性用来保存最终由数据库管理系统执行的 SQL 语句。注意，不同的数据源需要使用不同的命令对象。下面列出了 Command 的主要成员：

➢ Connection：Connection 对象使用的数据库连接。

➢ CommandText：执行的 SQL 语句。

➢ ExecuteNonQuery()：执行不返回行的语句，如 Updata 等，执行后返回受影响的行数。

➢ ExecuteReader()：返回 DataReader 对象。

➢ ExecuteScalar()：执行查询，并返回查询结果集中第一行的第一列。

虽然不同数据源的命令对象的名称不同，但使用方法是相同的，通常按以下步骤访问数据源：

（1）创建数据库连接。

（2）定义 SQL 语句。

（3）创建 Command 对象，一般形式如下：

```
SqlCommand comm = new SqlCommand( SQL语句，数据库连接对象);
```

也可采用以下形式创建 Command 对象。

```
SqlCommand comm = new SqlCommand();
comm.Connection = 数据库连接对象;
comm.CommandText = "SQL语句";
```

（4）执行命令。

注意：在执行命令前，必须打开数据库连接，执行命令后，应该关闭数据库连接。

3．DataReader 对象

DataReader（数据读取对象）提供一种从数据库只向前读取行的方式。下面列出 DataReader 的主要成员：

HasRows：DataReader 中是否包含一行或多行。

Read()：前进到下一行记录，如果下一行有记录，则读出该行并返回 true；否则返回 false。

Close()：关闭 DataReader 对象。

使用 DataReader 检索数据的步骤如下：

（1）创建 Command 对象。

（2）调用 Command 对象的 ExecuteReader()方法创建 DataReader 对象。

```
SqlDataReader dr = Command对象.ExecuteReader();
```

注意：DataReader 类在 .NET Framework 中被定义为抽象类，因此不能直接实例化，只能使用 Command 对象的 ExecuteReader() 方法创建 DataReader 对象。

（3）调用 DataReader 对象的 Read()方法逐行读取数据。

```
while(dr.Read())
{
    // 读取某列数据
}
```

（4）读取某列的数据。

获取某列的值，可以指定列的索引，从0开始，也可以指定列名，一般形式如下：

```
(数据类型)dr[索引或列名]
```

注意：在执行程序时，DataReader 对象的 Read() 方法会自动把所读取的一行数据各列的值通过装箱操作保存到 DataReader 内部的集合中，因此要想获得某一列的值，就必须进行拆箱操作，即强制类型转换。

（5）关闭 DataReader 对象。

```
dr.Close();
```

4．DataAdapter 对象

DataAdapter 是 DataSet 和数据源之间的桥接器，用于检索和保存数据。当数据集中的数据发生改变时能够把修改后的数据再次回传到数据源中。

注意：在使用不同数据提供程序的 DataAdapter 对象时，对应的命名空间不同。以下列出了不同命名空间的 DataAdapter 对象：

System.Data.SqlClient 对应 SqlDataAdapter 。

System.Data.OleDb 对应 OleDbDataAdapter 。

System.Data.Odbc 对应 OdbcDataAdapter 。

System.Data.OracleClient 对应 OracleClientDataAdapter 。

下面列出了 DataAdapter 的主要成员：

➤ SelectCommand：从数据库检索数据的 Command 对象，该对象封装了 SQL 的 Select 语句。

➤ InsertCommand：向数据库插入数据的 Command 对象，该对象封装了 SQL 的 Insert 语句。

➤ UpdateCommand：修改数据库中数据记录的 Command 对象，该对象封装了 SQL 的 Update 语句。

➤ DeleteCommand：删除数据库中数据记录的 Command 对象，该对象封装了 SQL 的 Delete 语句。

➤ Fill( )：向 DataSet 对象填充数据。

➤ Update( )：将 DataSet 中的数据提交到数据库。

使用 DataAdapter 对象填充数据集时，先使用 Connection 连接数据源，然后使用 Fill( )方法填充 DataSet 中的表，一般格式如下：

（1）创建 SqlDataAdapter 对象：

```
SqlDataAdapter 对象名 = new SqlDataAdapter (SQL 语句，数据库连接);
```

（2）填充 DataSet：

```
DataAdapter 对象.Fill(数据集对象, "数据表名");
```

二、DataSet

ADO.NET 的核心是 DataSet（数据集）。DataSet 可简单地理解成内存中的数据库，是一种"临时的数据库"，只是临时保存从数据源中读出的数据记录；也是一种"独立的数据库"，它的数据虽然来自数据源，但它一旦生成，应用程序与数据源就断开了数据连接。此时 DataSet 中的数据相当于数据源中的数据的一个副本，应用程序与内存中的 DataSet 数据进行交互，在交互期间不需要连接数据源，因此可以极大地加快数据访问和处理速度，同时也节约了资源。

DataSet 保存了从数据源读取的数据信息，以 DataTable 为单位，自动维护表间关系和数据约束。

DataSet 的基本结构如图9-2所示。

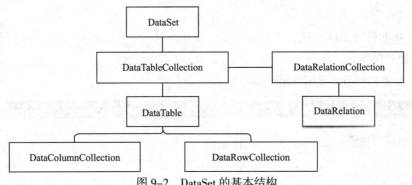

图 9-2　DataSet 的基本结构

数据集的工作原理如图9-3所示。

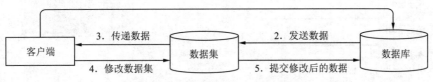

图 9-3　数据集的工作原理

在使用 DataSet 前必须先创建 DataSet 对象。在创建 DataSet 对象时可以指定一个数据集的名称，如果不指定名称，则默认被设为NewDataSet，一般形式如下：

```
DataSet 数据集对象 = new DataSet("数据集的名称字符串");
```

三、ADO.NET 访问数据库的一般步骤

（1）使用 using 添加 System.Data 及其相关子命名空间的引用（如要想访问 SQL Server 数据库就必须引用 System.Data.SqlCient）。

（2）使用 Connection 对象连接数据源。

（3）视情况使用 Command 对象、DataReader 对象或 DataAdpter对象操作数据库。

（4）将操作结果返回到应用程序中，进行进一步处理。

ADO.NET操作数据库的结构如图9-4所示。

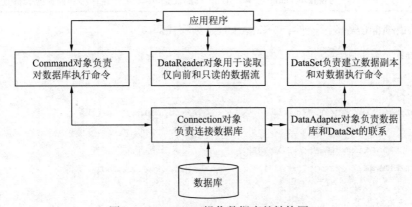

图 9-4　ADO.NET 操作数据库的结构图

任务实施

视频 ●·······

（1）打开物业管理系统项目，添加一个Web窗体，并命名为add_Residential_user.aspx，添加后保存。

（2）将页面中控件布局成图9-5所示形式。

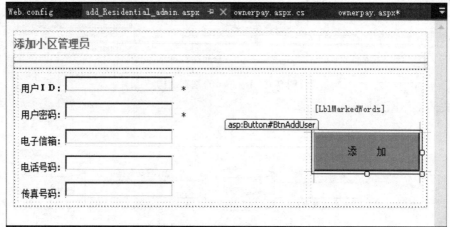

图9-5　页面中控件布局

Web页面add_Residential_user.aspx使用的控件如表9-1所示。

表9-1　add_Residential_user.aspx 使用的控件

类　型	ID	属　性	说　明
TextBox	TxtUserID		"用户 ID" 文本框
TextBox	TxtUserPWD	TextMode:Password	"用户密码" 文本框
TextBox	TxtEmail		"电子信箱" 文本框
TextBox	TxtTEL		"电话号码" 文本框
TextBox	TxtFAX		"传真号码" 文本框
Button	BtnAddUser	Text: 添加	"添加" 按钮
Label	LblMarkedWords	ForeColoe: Red	操作提示 标签

（3）双击BtnAddUser按钮控件，为BtnAddUser编写代码。

```
protected void BtnAddUser_Click(object sender, EventArgs e)
{
    //定义变量
    SqlConnection conn,conn2;              //定义Connection对象
    SqlCommand comd, cmdchongtu;           //定义Command对象
    String connstring, sqlchongtu;         //定义字符串变量
    SqlDataReader sdrchongtu;              //定义DataReader

    //检查录入数据是否为空，空则跳出
```

```csharp
if(TxtUserID.Text.Trim() =="")
{
    LblMarkedWords.Text = "用户ID不能为空。";
    return;
}
//检查录入数据是否为空, 空则跳出
if (TxtUserPWD.Text.Trim()=="")
{
    LblMarkedWords.Text = "用户初始密码不能为空。";
    return;
}
//连接到数据库
connstring = System.Configuration.ConfigurationManager.ConnectionStrings["E
stateManageConnectionString"].ConnectionString; //读取Web.config文件中的连接字符串
conn = new SqlConnection(connstring);   //新建Connection对象并赋值给conn变量
conn2 = new SqlConnection(connstring); //新建Connection对象并赋值给conn2变量
//创建查询表loginuser的SQL命令
sqlchongtu = "select * from loginuser where member_login='" + TxtUserID.
Text.Trim() + "'";
cmdchongtu = new SqlCommand(sqlchongtu, conn);
cmdchongtu.Connection.Open();
//执行SQL命令, 并返回结果
sdrchongtu = cmdchongtu.ExecuteReader();
if(sdrchongtu.Read())                    //如果结果不为空, 说明用户ID已存在, 则跳出
{
    LblMarkedWords.Text = "此用户ID已存在。";
    cmdchongtu.Connection.Close();   //关闭数据连接
    cmdchongtu.Dispose();                //释放资源
    return;
}
cmdchongtu.Connection.Close();
cmdchongtu.Dispose();
//创建向表loginuser插入数据的SQL命令, 并设置参数
 comd = new SqlCommand("Insert into loginuser(member_login,member_
password,email,phone,fax,date_created,security_level_id) Values(@p1,@p3,@p4,@
p5,@p6,@p7,@p8)", conn2);
comd.Parameters.Add(new SqlParameter("@p1", System.Data.SqlDbType.Char));
//设置插入参数类型
comd.Parameters.Add(new SqlParameter("@p3", System.Data.SqlDbType.Char));
comd.Parameters.Add(new SqlParameter("@p4", System.Data.SqlDbType.Char));
comd.Parameters.Add(new SqlParameter("@p5", System.Data.SqlDbType.Char));
comd.Parameters.Add(new SqlParameter("@p6", System.Data.SqlDbType.Char));
```

```
comd.Parameters.Add(new SqlParameter("@p7",System.Data.SqlDbType.SmallDate Time));
comd.Parameters.Add(new SqlParameter("@p8", System.Data.SqlDbType.SmallInt));
//为参数赋实际要插入的值
comd.Parameters["@p1"].Value =TxtUserID.Text.Trim();
comd.Parameters["@p3"].Value =TxtUserPWD.Text.Trim();
comd.Parameters["@p4"].Value =TxtEmail.Text.Trim();
comd.Parameters["@p5"].Value =TxtTEL.Text.Trim();
comd.Parameters["@p6"].Value =TxtFAX.Text.Trim();
comd.Parameters["@p7"].Value = DateTime.Now;
comd.Parameters["@p8"].Value = 8;                    //小区管理员级别为8

comd.Connection.Open();                              //打开连接
comd.ExecuteNonQuery();                              //执行非查询SQL命令
comd.Connection.Close();                             //关闭连接
comd.Dispose();                                      //释放资源

//输出插入成功信息并清空本条输入信息
LblMarkedWords.Text = "用户名添加成功。";
TxtUserID.Text = "";
TxtUserPWD.Text = "";
TxtEmail.Text = "";
TxtTEL.Text = "";
TxtFAX.Text = "";
}
```

（4）保存并运行，测试add_Residential_user.aspx页面，如图9-6所示。

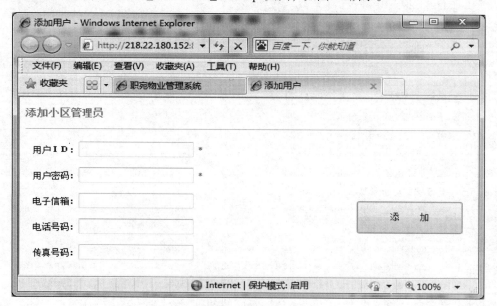

图9-6   add_Residential_user.aspx 页面运行效果

任务2 物业管理系统业主缴费信息查询功能实现

任务导入

任务1中讲解了ADO.NET方式数据库编程的思想和使用步骤，如果要将获取的数据集显示在页面中，又该如何操作？这是本任务要解决的问题，下面一步步地完成这种需求，从中体会ADO.NET数据库编程的灵活性。

知识技能准备

本任务用到的知识和任务1基本相同，故不再赘述，直接进入项目实施步骤来完成物业管理系统业主缴费信息查询功能，可以比较一下使用ADO.NET方式和数据绑定方式的不同点。

任务实施

（1）打开物业管理系统项目，添加一个Web窗体，并命名为ownerpay.aspx，添加后保存。

（2）将页面中控件布局成图9-7所示形式。

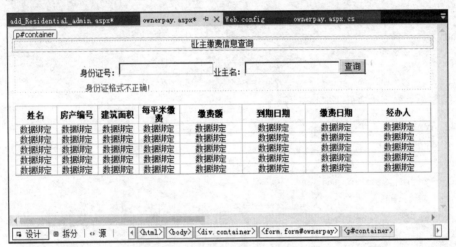

图9-7 ownerpay.aspx 页面布局

Web页面ownerpay.aspx使用的控件如表9-2所示。

表 9-2 ownerpay.aspx 使用的控件

类 型	ID	属 性	说 明
TextBox	TxtIDNum		"身份证号"文本框
TextBox	TxtUserName		"业主名"文本框
RegularExpressionValidator	RegularExpressionValidatorID	ControlToValidate：TxtIDNum ValidationExpression：\d{17}[\d\X]|\d{15} ErrorMessage：身份证格式不正确！	"身份证号"验证控件
datagrid	paycontent		"结果显示"数据表格

前端代码（.aspx）：（具体代码请看教材源代码ex9_2(前台页面布局).txt）

```
<%@ Page Language="C#" AutoEventWireup="true" CodeBehind="ownerpay.aspx.cs"
Inherits="EstateManage.ownerpay" %>

<!DOCTYPE html>

<html xmlns="http://www.w3.org/1999/xhtml">
<head runat="server">
<meta http-equiv="Content-Type" content="text/html; charset=utf-8"/>
  <title></title>
    <style type=" text/css" >
      .container{margin:5px auto;font-size:12px;text-align:center;}
      .reValidator{margin:10px 110px;font-size:12px;text-align:left;}
  </style>
</head>
<body>
  ...
  ...
</body>
</html>
```

（3）编写后台操作代码（.cs）。

```
using System;
using System.Data;
using System.Data.SqlClient;
using System.Configuration;

namespace EstateManage
{
  public partial class ownerpay : System.Web.UI.Page
  {
    #region "SQL LINK"
    //定义连接数据库字符串
    string myConnection = ConfigurationManager.ConnectionStrings["EstateMana
geConnectionString"].ToString();
    //读取Web.config文件中的连接字符串
    #endregion

    #region "DataSet"
    //定义DataSet
    protected DataSet PayInfoDs = new DataSet();
```

```
        //创建DataSet对象并赋值给变量PayInfoDs
        #endregion

        protected void Page_Load(object sender, EventArgs e)
        {
            if(IsPostBack) //检查目前网页是否为第一次加载
            {
                string username = Request.Form["TxtUserName"].ToString();
                //获取文本框TxtUserName中的值并赋值给变量username
                string IDNum = Request.Form["TxtIDNum"].ToString();
                //获取文本框TxtIDNum中的值并赋值给变量IDNum
                if(username == "" || IDNum == "")
                {
                    //检查username和IDNum变量，只要有一个为空则弹出提示信息
                    Response.Write("<script language='javascript'>alert('姓名或身份证号
为空！');window.location.href='ownerpay.aspx'</script>");
                }
                #region "查询定义"
                //定义查询字符串
                string OwnerInfoSql = "select * from HousePay where name='"
                    + username
                    + "' and id='"
                    + IDNum
                    + "'";
                #endregion
                SqlConnection myConn = new SqlConnection(myConnection);
                //定义Connection对象
                bool flag = OwnerSelect(username, IDNum); //调用自定义函数OwnerSelect()
                #region "查询信息绑定"
                //查询信息存在进行数据绑定
                if (flag)
                {
                    SqlDataAdapter OwnerInfoDa = new SqlDataAdapter (OwnerInfoSql,
myConn); //新建DataAdapter对象并赋值给OwnerInfoDa变量

                    try
                    {
                        myConn.Open();//打开连接
                        //基本信息绑定
                        OwnerInfoDa.Fill(PayInfoDs, "OwnerPay");//绑定数据集PayInfoDs和数据
表OwnerPay

                        paycontent.DataSource = PayInfoDs; //设置paycontent的数据源为PayInfoDs
                        paycontent.DataBind();          //数据绑定
```

```
        }
        catch {; }
        finally
          {
            myConn.Close();                           //关闭连接
          }
        }
        else
        {
          Response.Write("<script language='javascript'>alert('姓名或身份证号
有误! ');window.location.href='ownerpay.aspx'</script>");      //提示信息
          }
          #endregion
        }
    }


    #region "查询信息是否存在"
    //定义函数OwnerSelect ( )查询信息是否存在
    public bool OwnerSelect(string username, string IDNum)
    {
      string OwnerInfoSql = "select * from HousePay where name='"
        + username
        + "' and id='"
        + IDNum
        + "'";                              //定义查询字符串OwnerInfoSql
      SqlConnection myConn=new SqlConnection(myConnection); //定义Connection对象
      SqlCommand myCmd=new SqlCommand(OwnerInfoSql, myConn); //定义Command 对象
      myConn.Open();                        //打开连接
      try
      {
        myCmd.ExecuteNonQuery();            //执行查询
        SqlDataReader reader = myCmd.ExecuteReader();//执行查询并赋值给reader

        if (reader.Read())
        {
          return true;                      //有记录返回true
        }
        else
        {
          return false;                     //无记录返回false
        }
      }
```

```
        catch (System.Data.SqlClient.SqlException e)
        {
          throw new Exception(e.Message); //抛出错误信息
        }
        finally
        {
          myCmd.Dispose();//释放资源
          myConn.Close();//关闭连接
        }
      }
    #endregion



    }
  }
```

（4）保存并运行测试ownerpay.aspx页面，如图9-8所示。

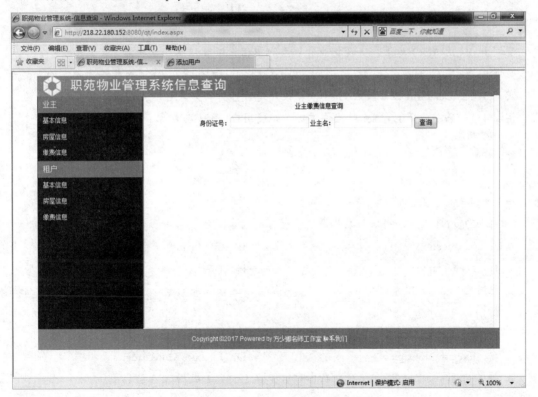

图 9-8   ownerpay.aspx 页面运行效果

页面中白色部分为本任务功能，其他部分是整个物业管理系统的前台框架。

小　结

本章主要介绍了 ADO.NET 的基本概念、ADO.NET 的结构和 ADO.NET DataSet，并通过两个任务一步一步地介绍了 ADO.NET 连接数据库的步骤和使用中的一些小技巧。通过本章学习后，应能熟练使用 ADO.NET 连接数据库完成数据的读写操作，并掌握以下内容：

（1）能够熟练掌握 ADO.NET 的四个核心对象：Connection 对象、Command 对象、DataReader 对象和 DataAdapter 对象，知道每个对象在使用中的作用和使用方法。

（2）掌握 ADO.NET 连接数据库的一般步骤。

学习了 ADO.NET 数据编程后，和之前学习的使用控件进行数据库编程相比较会发现两种方式都可以很方便地访问数据库并操作数据库，使用控件方式几乎不需要编码就可以完成对数据库的操作，较适合初学者，但在使用中比较呆板，只能完成较固定的功能，使用不灵活。使用 ADO.NET 进行数据库编程时，虽然有些代码要编写，但完成数据库操作的代码和步骤都是固定的，熟练后可方便、灵活地实现一些特定的数据库编写要求。

实　训

实训 1　使用 ADO 对象，实现物业管理系统中租户缴费信息查询功能。

实训 2　使用 Connection、Command、DataSet 和 DataGrid 对象实现对数据库的查询和显示。

实训 3　把 DataGrid 控件换成 GridView 控件是否可行？如果可以，应该如何实现？

实训 4　如果不使用 DataSet 和控件绑定，而使用 RecordSet 对象，如何操作？

习　题

一、单选题

1. 在 ADO.NET 中，用来与数据源建立连接的对象是（　　　）。

    A. Connection   B. Command

    C. DataAdapter   D. DataSet

2. 使用 Command 对象的（　　　）方法，可执行不返回结果的命令，常用于记录的插入、删除、更新等操作。

    A. ExecuteReader   B. ExecuteScalar

    C. ExecuteNonQuery   D. ExecuteXmlReader

3. 通常情况下，DataReader 对象在内存中保留（　　　）数据。

    A. 多行   B. 两行   C. 一行   D. 零行

4. 若把数据集（DataSet 对象）中的数据更新到数据源，则应该使用（　　　）对象的 Update 方法。

    A. Connection   B. Command   C. DataAdapter   D. DataSet

5. 在 ADO.NET 中，对于 Command 对象的 ExecuteNonQuery( ) 方法和 ExecuteReader( ) 方法，下面叙述错误的是（　　　）。

A.　Insert、Update、Delete 等操作的 SQL 语句主要用 ExecuteNonQuery( ) 方法来执行

B.　ExecuteNonQuery( ) 方法返回执行 SQL 语句所影响的行数

C.　Select 操作的 SQL 语句只能由 ExecuteReader( ) 方法来执行

D.　ExecuteReader( ) 方法返回一个 DataReader 对象

二、填空题

1. Connection 对象负责建立与数据库的连接，它使用_____方法建立连接，使用完毕后，一定要用_____方法关闭连接。

2. Connection 对象的主要属性是_____，用于设置连接字符串。

3. _____是一个简单数据集，用于从数据源中检索只读、只向前的数据流。

4. _____是 DataSet 对象和数据源之间的一个桥梁，用于从数据源中检索数据、填充 DataSet 对象中的表及将 DataSet 对象做出的更改提交回数据源。

5. 可以将数据源中的数据与控件中的属性关联起来，这称为_____。

6. OleDb 数据提供程序类位于_____命名空间。

7. DataSet 可以看作一个_____中的数据库。

三、简答题

1. ADO.NET 包括哪些对象？简述各个对象的作用。

2. Connection 对象的作用是什么？Connection 对象的什么方法用来打开和关闭数据库连接？

3. 简述 Command 对象的 ExecuteNonQuery( ) 方法的功能。

4. 简述使用 DataAdapter 对象和 DataSet 对象对数据库中的数据进行检索并将检索结果在 GridView 控件中显示出来的步骤。

单元 10
物业管理系统部署

本单元主要介绍如何将开发好的系统在 Visual Studio 中发布，如何安装 IIS 及如何在 IIS 下发布 ASP.NET 程序的网站，最后介绍发布过程中常见问题及解决办法。

学习目标

➤ 会发布 ASP.NET 程序；

➤ 会在不同版本 Windows 上安装 IIS；

➤ 会在 IIS 中发布 ASP.NET 程序的网站。

具体任务

➤ 任务 1　ASP.NET 程序发布

➤ 任务 2　IIS 安装

➤ 任务 3　IIS 发布网站

任务1　ASP.NET程序发布

任务导入

物业管理系统开发完成后需要将系统经过Visual Studio编译后再发布，这样做有两方面优点：第一，编译后的系统比没有编译的系统运行速度更快；第二，编译后的系统用户在.cs文件中写的代码会被打包到bin文件夹的.dll中，更加安全。

知识技能准备

本任务主要介绍如何在Visual Studio 2015中将已经开发好的系统源代码打包成.dll文件。在程序发布过程中会遇到4种Publish Method（发布方法）：Web Deploy、Web Deploy包、FTP和File

System（文件系统）。

➤ Web Deploy：发布项目到指定站点。

➤ Web Deploy包：发布一个zip压缩包到指定站点。

➤ FTP: 通过ftp上传项目文件。

➤ File System（文件系统）：发布项目文件到本地磁盘。

用户要根据实际情况选择不同的发布方法，通常情况下选择File System（文件系统）。因为其他几种方法都需要验证服务器的账号信息，必须有账号才能进行下去，本任务选用File System（文件系统）的发布方法。

在"设置"节点的 Configuration（配置）中会遇到两种选择，分别是Debug和Release，它们的主要区别如下：

Debug：通常称为调试版本，它包含调试信息，并且不作任何优化，便于程序员调试程序。在bin\debug\目录中有两个文件，除了要生成的.exe或.dll文件外，还有.pdb文件，.pdb文件中记录了代码中的断点等调试信息。

Release：称为发布版本，Release模式下不包含调试信息，并对代码进行了优化，使得程序在代码大小和运行速度上都是最优的，\bin\release\目录下只有一个.exe或.dll文件。在项目文件夹下除了bin外，还有个obj目录。编译是分模块编译的，每个模块的编译结果保存在obj目录下。最后会合并为一个exe或者dll文件保存到\bin\release\目录中。因为每次编译都是增量编译，也就是只重新编译改变了的模块，所以这个obj目录的作用就是保存这些小块的编译结果，加快编译速度。

视 频 ●⋯⋯⋯⋯

下面学习发布的具体步骤。

（任 务 实 施）

（1）用Visual Studio 2015打开解决方案资源管理器，如图10-1所示。

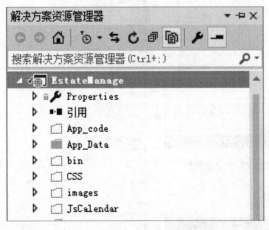

图 10-1　解决方案资源管理器

（2）右击解决方案，在弹出的快捷菜单中选择"清理"命令，如图10-2所示。

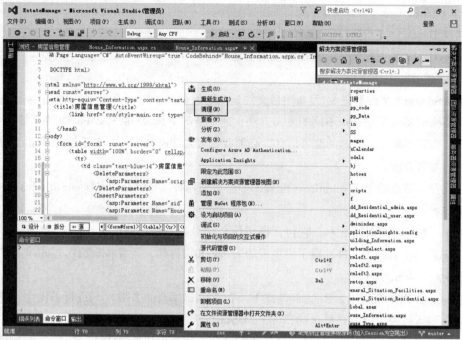

图 10-2　清理解决方案

（3）清理解决方案结束后，右击解决方案，在弹出的快捷菜单中选择"重新生成"命令，如图10-3所示。

图 10-3　重新生成解决方案

（4）重新生成解决方案结束后，右击Web应用程序（见图10-4）中的EstateManage，在弹出的快捷菜单中选择"发布"命令。

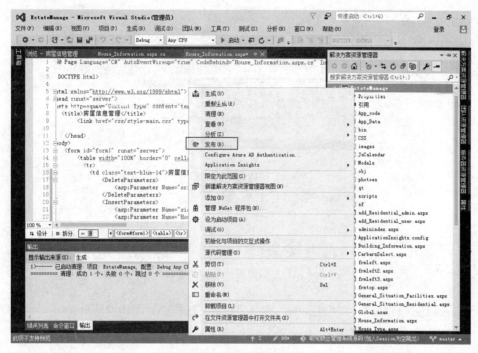

图 10-4　发布

（5）设置"配置文件"节点，自定义配置文件，如图10-5和图10-6所示。

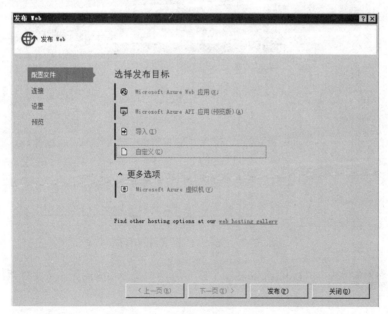

图 10-5　设置"配置文件"节点

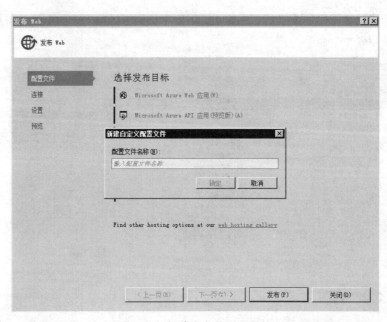

图 10-6　新建自定义配置文件

（6）输入配置文件名称，如IISConfig，单击"确定"按钮，如图10-7所示。

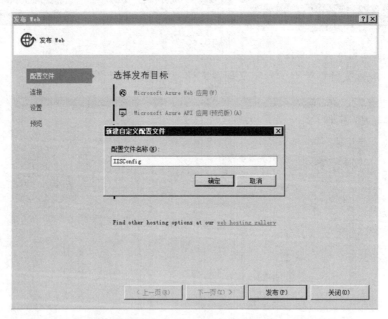

图 10-7　输入"配置文件"名称

（7）设置"连接"节点，Publish method（发布方法）选择File System（文件系统），如图10-8所示。

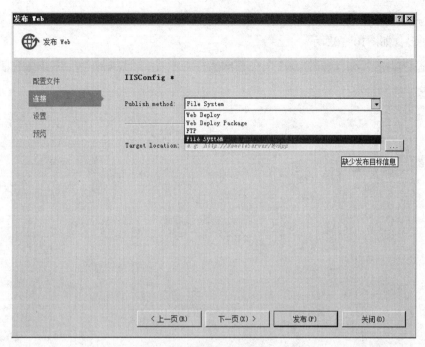

图 10-8　设置"连接"节点

（8）设置文件发布后存放位置，此处选择"d:\webfabu"文件夹，如图10-9所示，单击"下一步"按钮。

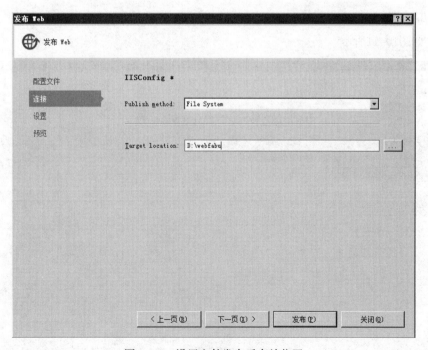

图 10-9　设置文件发布后存放位置

（9）设置"设置"节点，Configuration（配置）选择Release，表示发布版本，在性能上比Debug优化很多，如图10-10所示。

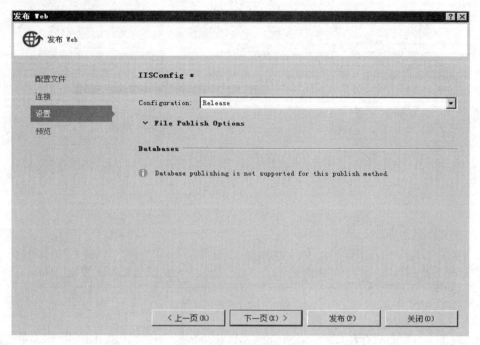

图 10-10　设置"设置"节点

（10）设置"预览"节点，显示刚才设置的配置文件名称及文件发布后的存放位置，单击"发布"命令，如图10-11所示。

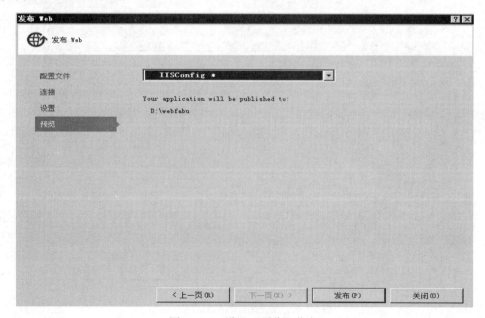

图 10-11　设置"预览"节点

（11）发布后的文件如图10-12所示，此时文件发布成功，发布成功后，打开文件夹，所有页面的.cs文件都放进bin里面了。

图 10-12 发布后的文件

任务2 IIS 安 装

任务导入

物业管理系统开发完成打包发布后，需要部署到网络服务器上，那么这台服务器就必须安装Web服务组件，IIS就是这种Web服务组件。IIS本质上是一种Web（网页）服务组件，其中包含Web、FTP和SMTP三大服务器，分别用于网页浏览、文件传输、新闻服务和邮件等方面。作用是方便在网络上发布信息，包括互联网和局域网。

知识技能准备

Web服务器软件的种类很多，常见的有Apache、Nginx、IIS、WebLogic 和Tomcat等，下面简单了解一下这些服务器软件的区别。

1. Apache

Apache是世界使用排名第一的Web服务器软件。它可以运行在几乎所有广泛使用的计算机平台上。Apache源于NCSAhttpd服务器，经过多次修改，成为世界上最流行的Web服务器软件之一。Apache取自a patchy server的读音，意思是充满补丁的服务器，因为它是自由软件，所以不断有人为它开发新的功能、新的特性、修改原来的缺陷。

优点：小巧，灵活，可扩展，稳定。

缺点：软件开源，所以很多漏洞容易被人查找到。

2. Nginx

Nginx不仅是一个小巧且高效的HTTP服务器，也可作为一个高效的负载均衡反向代理，通过它接受用户的请求并分发到多个Mongrel进程，可以极大地提高Rails应用的并发能力。

优点：压缩率高，支持负载均衡，速度快。

缺点：需要掌握熟练的Linux命令才能应用

3．IIS

IIS（Internet Information Server，Internet信息服务）是微软公司主推的服务器，IIS与Windows Server完全集成在一起，因而用户能够利用Windows Server和NTFS（NT File System，NT的文件系统）内置的安全特性，建立强大、灵活而安全的Internet和Intranet站点。

优点：安装配置简单，学习起来容易。

缺点：平台适用性单一，安全性有待提高。

4．WebLogic

WebLogic是用于开发、集成、部署和管理大型分布式Web应用、网络应用和数据库应用的Java应用服务器。将Java的动态功能和Java Enterprise标准的安全性引入大型网络应用的开发、集成、部署和管理之中。BEA WebLogic Server拥有处理关键Web应用系统问题所需的性能、可扩展性和高可用性。

优点：安全性高，专业性强，耦合度低。

缺点：不容易掌握，需要有一定的专业积累才能熟练应用。

5．Tomcat

Tomcat是Apache 软件基金会（Apache Software Foundation）的Jakarta 项目中的一个核心项目，由Apache、Sun 和其他一些公司及个人共同开发而成。由于有了Sun 的参与和支持，最新的Servlet和JSP 规范总是能在Tomcat 中得到体现。因为Tomcat技术先进、性能稳定，而且免费，因而深受Java 爱好者的喜爱并得到了部分软件开发商的认可，成为目前比较流行的Web 应用服务器。

优点：简单易掌握，部署容易，应用广泛。

缺点：扩展性不强，可配置性弱，大并发能力不强。

综合多种因素，ASP.NET程序最佳的服务器软件我们选择IIS，下面介绍如何在Windows中安装IIS。

视频

任务实施

（1）打开"控制面板"窗口，单击"程序"超链接，如图10-13所示。

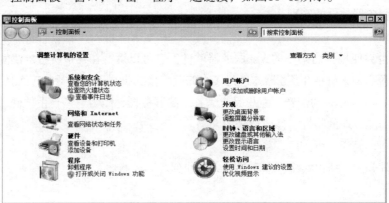

图 10-13　"控制面板"窗口

（2）在打开的"程序"窗口中单击"打开或关闭Windows功能"超链接，如图10-14所示。

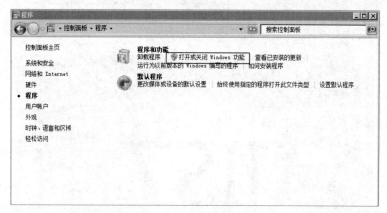

图 10-14　启用或关闭 Windows 功能

（3）在弹出的"Windows功能"对话框中选择"Internet信息服务"（如果是初学者，建议全部选择，其他人按需选择），单击"确定"按钮，如图10-15所示。

（4）单击"确定"按钮后，系统正在运用所做的更改，如图10-16所示。

（5）运用程序更改结束后，单击"立即重新启动"按钮。系统重新启动后，则IIS配置结束，如图10-17所示。

（6）重启计算机后，测试IIS配置是否成功。在浏览器栏中输入"http://localhost"，若出现图10-18所示界面，则表示IIS安装成功。

图 10-15　选择"Internet 信息服务"

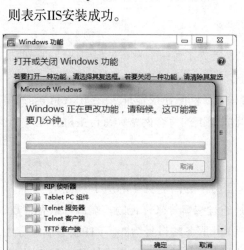

图 10-16　系统正在运用所做的更改

图 10-17　运用程序更改结束

图10-18　测试IIS

任务3　IIS发布网站

任务导入

物业管理系统开发完成打包发布后，如何部署到网络服务器上呢？这就需要在服务器的IIS管理器中来发布和配置网站。部署的时候，可以直接发布源码，也可以发布编译后的程序，这两者从运行效率上来说，后者更好。

知识技能准备

物业管理系统开发完成后要将其发布到网络中去，首先了解一下发布过程中遇到的一些概念。

1. IP地址

IP地址指互联网协议地址（Internet Protocol Address，网际协议地址），是IP Address的缩写。IP地址是IP协议提供的一种统一的地址格式，它为互联网上的每个网络和每台主机分配一个逻辑地址，以此来屏蔽物理地址的差异。

2. 端口

如果把IP地址比作一间房子，端口就是出入这间房子的门。真正的房子只有几个门，但是一个IP地址的端口可以有65 536（即2^{16}）个。端口是通过端口号来标记的，端口号只有整数，范围是从0～65 535（即2^{16}-1）。常见的服务默认端口号http服务端口号为80、FTP服务端口号为21、Telnet（远程登录）端口号为23等，当然这些端口号是可以修改的，前提不能和正在使用的端口冲突。

3. 应用程序池

IIS应用程序池是将一个或多个应用程序链接到一个或多个工作进程集合的配置。因为应用程序池中的应用程序与其他应用程序被工作进程边界分隔，所以某个应用程序池中的应用程序不会受到其他应用程序池中应用程序所产生问题的影响。

4. 默认文档

指在只输入路径，不输入具体网页名的时候，浏览器显示的默认网页名称。例如，服务器地址：http://123.xxx.com，在未设置默认文档时或指定的默认文档不存在时，要正常访问网页，就必须在地址栏给定包含网页文件名在内的地址，如http://123.xxx.com/index.html。如果在浏览器地址栏中输入http://123.xxx.com 进行访问，在允许访问目录列表的情况下，会打开这个服务器地址对应站点的目录列表，一般情况是不允许访问目录列表的，这时就会出现一个错误页面；而如果设定了默认文档为 index.html 且该文件存在，那么在浏览器地址栏中输入http://123.xxx.com 进行访问时，就会打开默认文档指定的 index.html 页面，默认文档越靠上越优先访问。

下面来具体发布一个网站。

（1）打开"控制面板"窗口，单击"管理工具"超链接，在打开窗口中找到"Internet信息服务（IIS）管理器"，如图10–19所示。

图 10–19 "管理工具"窗口

（2）打开"Internet信息服务（IIS）管理器"，如图10–20所示。

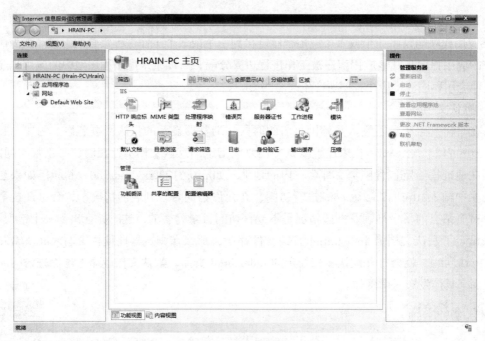

图 10-20　Internet 信息服务（IIS）管理器

（3）右击网站，在弹出的快捷菜单中选择"添加网站"命令，弹出"添加网站"对话框，如图10-21所示。

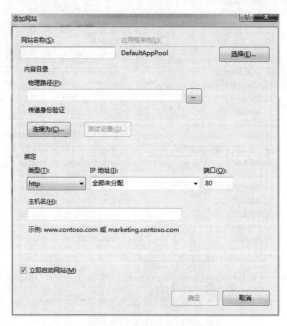

图 10-21　"添加网站"对话框

（4）在"添加网站"对话框中设置相关参数。网站名称输入testWebSite，应用程序池名称尽量与网站名称一致为testWebSite，力求保持一个网站只有一个程序池，提高性能，物理路径选择刚才发布的网站webfabu，端口可以根据实际设置，默认为80，此处设置为8080，完成后单击"确定"按钮，如图10-22所示。

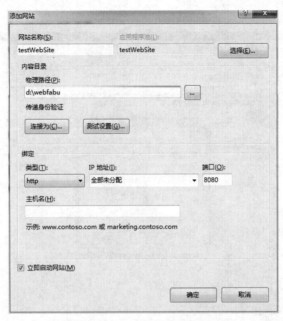

图 10-22　设置网站参数

（5）如图10-23所示，此时，IIS主界面，"网站"多了一个站点testWebSite，即刚才添加的网站名称。

图 10-23　IIS 主界面

（6）配置运用程序池，选择应用程序池，右击刚添加的网站testWebSite"，在弹出的快捷菜单中选择"基本设置"命令，在弹出的"编辑应用程序池"对话框中选择相应的.NET版本，如图10-24所示。

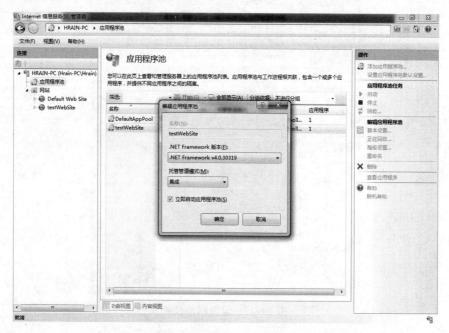

图 10-24　配置运用程序池

（7）配置默认文档，将login.aspx设置为默认网页，如图10-25所示。

图 10-25　配置默认文档

（8）默认文档添加成功后，如图10-26所示，表示设置login.apsx为默认网页成功。

图 10-26　默认文档设置成功

（9）为了防止权限不足，为刚才发布的文件添加成员Everyone，并赋予权限。右击→属性→安全→编辑→添加→输入everyone→为用户everyone赋权限→确定，如图10-27所示。

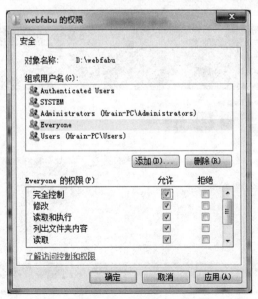

图 10-27　配置权限

（10）注册IIS。在所有程序中找到大写V，选择Visual Studio 2015→Visual Studio Tools命令，以管理员身份选择"VS2015 开发人员命令提示"，进入CMD。输入aspnet_regiis –i，如图10-28所示。

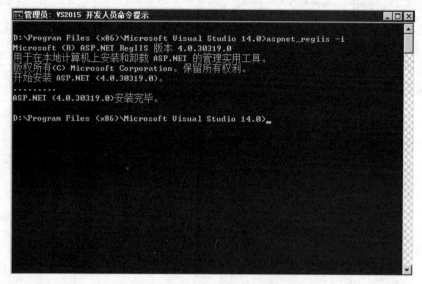

图 10-28　用 CMD 配置运行环境

（11）至此，整个发布结束。

（12）测试。在浏览器地址栏中输入http://localhost:8080/，按【Enter】键，如图10-29所示。

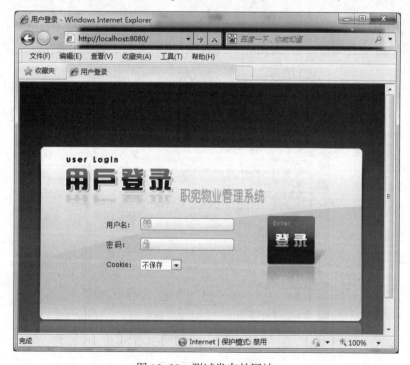

图 10-29　测试发布的网站

（13）至此，IIS发布网站整个过程结束。

【知识拓展】

配置IIS应注意事项

1. 注册IIS问题

在所有程序中找到大写V，选择Visual Studio 2015→Visual Studio Tools命令，以管理员身份选择"VS2015 开发人员命令提示"，进入CMD。输入aspnet_regiis –i，如图10–30所示。

图 10–30　用 CMD 配置运行环境

2. 权限不足问题

选中已发布文件，右击→属性→安全→编辑→添加→输入everyone→为用户everyone赋权限→确定，如图10–31所示。

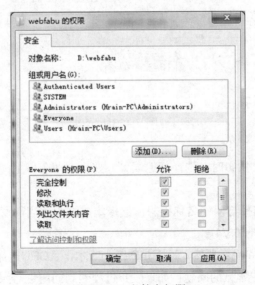

图 10–31　文件夹权限

3．防火墙问题

局域网内访问不了，大部分因为防火墙问题，若直接关闭防火墙，则不安全，提倡以下解决方法。

HTTP服务默认使用80端口，只需要在防火墙（特别注意系统自带的防火墙）中启用HTTP服务（80端口）即可；如果使用其他防火墙，也需要进行类似操作，如图10-32所示。

开始→所有程序→管理工具→高级安全 Windows 防火墙→在高级安全 Windows 防火墙的左边栏；选择"入站规则"→在右边栏选择"新建规则"→在打开的窗口中依次选择：选中端口→下一步→选中TCP以及特定本地端口填入要开放的端口号（这里填入80；也可以选择开放所有端口。

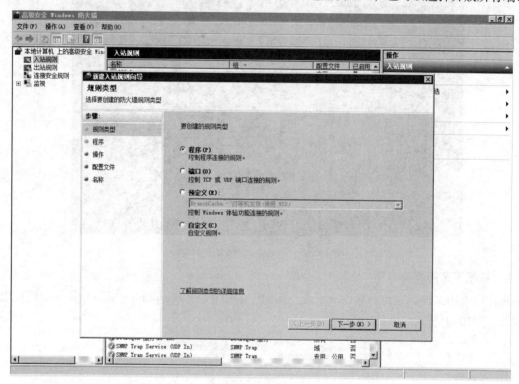

图 10-32　配置防火墙

4．检测IIS是否安装成功

在浏览器中输入http://localhost，若出现图10-33所示界面，则表示安装成功。

5．端口问题

http默认端口为80，IIS发布时，选择其他端口，如果有两个以上网站都使用了80，则网站就无法服务。

6．运用程序池，应选择与网站名称相同，选择集成方式（当都发布不成功时，可以经典与继承来回切换测试），选择版本V4。

7．VS发布时，选择Release版本，而不是Debug版本，且CPU选择 any CPU。

以上问题是网站发布中常见的问题，如果发布过程遇到问题可对照解决，能解决绝大部分网站无法服务的现象。

图 10-33　测试 IIS

小　结

本单元主要介绍了 ASP.NET 程序发布、IIS 安装和网站发布，并详细介绍了每种操作的步骤和操作过程中的注意事项，通过本单元学习后应能熟练掌握把开发好的 ASP.NET 程序发布到指定网站上。

在进行 ASP.NET 网站部署时经常会出现以下问题：

1. 如果发布带有后台数据库的 ASP.NET 程序，数据库没有添加上或启动正常，后台登录会提示各种数据库错误，常见的是没有权限登录，或者登录密码错误，进不去系统。通过数据库附加绑定好数据库，在 web.config 中配置好数据库的连接字符串才可以正常访问此程序。

2. 发布程序的计算机上一定要安装与 ASP.NET 程序对应的 netframewok 版本。

3. 在发布时要确保端口未被其他程序占用。

实　训

实训 1　将以前实验中的所有页面在 Visual Studio 2015 中进行编译发布。

实训 2　在 Windows 7 系统中安装 IIS。

实训 3　将实验 1 中发布的网站在 IIS 中发布。

实训 4　如果 ASP.NET 页面不编译发布，能不能在 IIS 中发布运行？如果能，和编译以后再发布有什么区别，哪种有优势，为什么？

实训 5　在 IIS 中发布网站，如果只有一个 IP 地址，能不能发布多个网站？如果能，如何在一个 IP 上发布多个网站？

习　题

一、单选题

1. IIS 服务器发布网站时默认的端口号是（　　　）。

　　A. 8080　　　　　　　　　B. 80　　　　　　　C. 21　　　　　　　　D. 25

2. 下列（　　　）地址可以访问到本地站点。

　　A. http://127.0.0.1　　　　　　　　　　B. http://0.0.0.0

　　C. http://local　　　　　　　　　　　　D. http://host

二、填空题

1. Web 服务器软件的种类很多，常见的有＿＿＿＿＿、＿＿＿＿＿、＿＿＿＿＿、＿＿＿＿＿和＿＿＿＿＿。

2. 在程序发布过程中会遇到 4 种 Publish method（发布方法），分别是＿＿＿＿＿、＿＿＿＿＿、＿＿＿＿＿和＿＿＿＿＿。

3. 在"设置"节点的 Configuration（配置）中会遇到两种选择，分别是＿＿＿＿＿和＿＿＿＿＿，＿＿＿＿＿对代码进行了优化。

三、简答题

1. 简述在 Visual Studio 2015 中如何发布 ASP.NET 程序，并在上机时实际操作整个过程。

2. 什么是 IIS？简述在不同 Windows 版本中如何安装 IIS。

3. 简述在 IIS 中发布已编译好网站的过程。

参 考 文 献

[1] 斯内尔，诺斯罗普，约翰逊. ASP.NET应用程序开发：MCTS教程[M]. 段菲，刘宝弟，陈华，译. 北京：清华大学出版社，2016.

[2] 软件开发技术联盟. ASP.NET开发实例大全：基础卷[M]. 北京：清华大学出版社，2016.

[3] 谢菲尔德. ASP.NET4从入门到精通[M]. 张大威，译. 北京：清华大学出版社，2011.

[4] 韩啸，王瑞敬，刘健南. ASP.NET Web 开发学习实录[M]. 北京：清华大学出版社，2011.

[5] 江红，余青松. ASP.NET Web数据库开发技术实践教程[M]. 北京：清华大学出版社，2012.

[6] 张志明，王辉. ASP.NET网站开发：C#[M]. 北京：中国水利水电出版社，2015.

[7] 严健武，柳青. ASP.NET程序设计[M]. 北京：中国水利水电出版社，2010.